溆浦县文化旅游广电体育局
溆浦县文化馆（溆浦县非物质文化遗产保护中心） 组织编写

溆浦花瑶挑花

张克鹤　王身友　著

湖南大学出版社·长沙

图书在版编目（CIP）数据

溆浦花瑶挑花 / 张克鹤，王身友著 .--长沙： 湖南大学出版社，2025.4
ISBN 978-7-5667-3518-8

I.①溆… Ⅱ.①张… ②王… Ⅲ.①瑶族－女性－民族服饰－研究－溆浦县 Ⅳ.① TS941.742.851

中国国家版本馆 CIP 数据核字 (2024) 第 070945 号

溆浦花瑶挑花
XUPU HUAYAO TIAOHUA

著　者	张克鹤　王身友
责任编辑	张　毅
印　装	长沙新湘诚印刷有限公司
开　本	730 mm×960 mm　1/16　印　张：10.5　字　数：141 千字
版　次	2025 年 4 月第 1 版　印　次：2025 年 4 月第 1 次印刷
书　号	ISBN 978-7-5667-3518-8
定　价	68.00 元

出　版　人：李文邦
出版发行：湖南大学出版社
社　　址：湖南·长沙·岳麓山　　邮　编：410082
电　　话：0731-88822559（营销部）88821251（编辑室）88821006（出版部）
传　　真：0731-88822264（总编室）
网　　址：http://press.hnu.edu.cn

前　言

"云端上的花瑶"，惊艳了雪峰山，惊艳了全世界，是方兴未艾的雪峰山生态旅游中的一枝独秀。自 2006 年花瑶挑花被公布为国家非物质文化遗产以来，把花瑶挑花保护传承作为我县非遗重点工作推进，已经成为共识，形成了合力，发展势头喜人。因为工作才刚起步，取得的收获还不多，所以摆在我们基层文化工作者面前的任务很重。花瑶群众也对我们寄予厚望，我们肩上的担子很重，要做的工作太多，颇有应接不暇之势。我们作为基层专业文化工作者，亲历了"养在深闺人未识"的花瑶挑花，从渐渐揭开其神秘面纱开始，一步步走出雪峰山，走上国内国际大舞台的过程。我们与花瑶艺人们一道，收集、记录了挑花工艺的方方面面，把他们从不外传的精巧技艺公之于众，把挑花艺术作品推向市场，把花瑶文化送进景区、院校和社区，使花瑶文化成为大雪峰山旅游的亮丽名片，得到了社会各界的关注和认可。我们欣慰地看到，多年来已习惯于外出打工的年轻花瑶女性，在花瑶文化魅力的感召下，毅然回归乡土，勇敢地接过接力棒，学会了祖传手艺，重新穿上了花瑶服饰，活跃在雪峰山巅。雪峰山花瑶村寨出现的新气象、新变化，足以说明在同筑中国梦的新征程上，花瑶人民没有落伍，他们与各兄弟民族携手同行，阔步向前迈进。

花瑶挑花的保护与传承，是弘扬中华优秀传统文化的一项重要内容，是全民共建共享的事业。我们基层文化工作者只是一支"轻骑兵"，虽然能力有限，但是我们乐此不疲。战斗在基层文化阵地最前线，置身于文化蓬勃发展的壮阔画图之中，我们满怀着对优秀传统文化的热忱、对崭新时代的感恩，力求在自己的岗位上有所作为，力求不辜负文化大县对文化专业队伍的期盼。因为职业的历练和驱使，我们对家乡溆浦，乃至雪峰山里的历史文化情有独钟，愿意尽自己绵薄之力，恪尽职守，多做一点力所能及的实事。《溆浦花瑶挑花》一书，就是溆浦县文化馆和非遗保护中心对多年来工作绩效进行梳理总结的成果。

溆浦作为文化大县，我们对县历史文化的挖掘与宣传，是一件任重道远的大事。抓这件大事，没有最好，只有更好；没有完成时，只有进行时。做好花瑶挑花的保护传承工作，推动其走向世界、走向市场，为建设幸福美丽的雪峰山做出非遗工作应有的贡献，我们一直在路上。东方风来满眼春。全社会重视文化、共推文化振兴的大气候已经形成，文化大县的文化发展新高潮已经到来。

"知之者不如好之者，好之者不如乐之者。"我们希望通过推出此书，使读者朋友更好地了解花瑶挑花，进而关注花瑶挑花，了解花瑶文化，研究花瑶文化，把宣传、开发花瑶文化当成乐趣，当成事业，为雪峰山巅的亮丽风景增添新光彩。

溆浦县非物质文化遗产保护中心

2025 年 3 月

目录

第一章 云端上的花瑶

一、世居雪峰山

横亘南天的雪峰山，被称为湖南的"父亲山"，是多民族共同繁衍生息的大家园。雪峰山是湖南境内延伸最长的大山，从湘西南部直到湘中，全长约 350 千米，宽 80~120 千米，是中国地理三级台阶里第二级向第三级过渡的标志性大山。雪峰山素以"天险"闻名于世，是中原大地通向大西南的天然屏障，境内群山巍峨，植被茂密，物种繁多。雪峰山区属亚热带季风气候区，但由于处于高山地带，霜期较长，平均气温低，全年多雨多雾，日照偏少，具有冬冷夏凉、冬干夏湿的特点。人们常说的雪峰山，一般指洪江（黔阳）、溆浦、洞口、隆回四县（市）交界处的高山，这一带正是花瑶人居住活动的区域。千百年来，汉、瑶、苗、土家等多个民族同胞共同生活在雪峰山区，创造了丰富灿烂的历史文化，留下大量文化遗产。雪峰山既是自然资源宝库，又是文化遗产宝库。其中一项非遗艺术堪称宝库中的璀璨明珠，就是本书所要介绍的国家级非物质文化遗产——花瑶挑花。

雪峰山北麓，沅水中游，有个较大的盆地，人称溆浦盆地。它像镶嵌在莽莽雪峰山里的一个聚宝盆，历来是湘西最为富庶的鱼米之乡，素称"湘西粮仓"，溆浦又是千年古县，人文荟萃之地。早在新石器时代，溆浦先民就开始了在这一方热土上的辛勤耕耘。考古发现证明，至少在 3000 多年以前，水稻栽培在溆浦已很普遍，具有较高技术水平。马田坪古墓葬区在县城南，以楚黔中郡古城和义

身着民族服饰的花瑶妇女和小孩

陵城遗址为中心，先后发掘出土大量兵器、礼乐器、货币、生产工具、衡器等，经鉴定为春秋到西汉时期墓葬。"溆浦"地名最早见于屈原《涉江》："入溆浦余僮徊兮，迷不知吾所如"，因此后人称之为从楚辞中走来的古县。汉高祖五年（前 202 年）置县始称义陵，至今已有 2200 多年历史。唐高祖武德五年（622 年）起称溆浦至今。既然是一个盆地，自然是被群山环抱着。溆浦四面群山环绕，层峦叠翠，气象万千，尤以南部的雪峰山脉最为雄峻。最高处龙庄湾凉风界海拔 1600 多米，与隆回境内的白马山、洪江境内的苏宝顶遥相呼应，虽非比肩而立，却也气势不凡。溆浦县域东、南群山巍峨，都是雪峰山一脉，形成了一片山高、林密、溪涧纵横的宽阔高山地带，溆浦、隆回两县交界之地，峰峦高耸入云，栖息着多个少数民族，其中就包括花瑶。花瑶人聚族而居，大多生活在海拔 1000 米以上的崇山峻岭中，少部分居住在山沟河谷、丘陵地带。因为花瑶群众集中居住的高山地带常年云隐雾罩，"云中听鸡犬，不见有人家"，故而花瑶又被称为"云端上的花瑶"。

据统计，1989 年溆浦全县共有 14 个少数民族，瑶族有 14700 多人，约占全县总人口的 1.5%，在 14 个少数民族中瑶族人口数居第二位，主要分布在县域南部小横垅、两丫坪、龙潭一带乡镇（参见奉锡联著《溆浦瑶族》）。花瑶是瑶族的一支。在溆浦瑶族大家庭里，还有"七姓瑶"（即蒲、刘、丁、沈、石、陈、梁，主要分布在罗子山一带，也属于雪峰山区，人口比花瑶多。七姓瑶与花瑶在风俗习惯等方面有很大差别）等分支。瑶族是山地民族，多依山傍水建寨，与周围汉族、土家族、苗族、回族、侗族等民族交错杂居，形成"溆浦无山不有瑶"的大分散、小集中局面。瑶族在溆浦居住的历史悠久，花瑶定居溆浦已有五六百年历史，与各族同胞一样都是溆浦大地上的主人。

据民国版《溆浦县志》记载，溆浦有十大瑶峒，分布在县南

花瑶少女

一带的崇山峻岭之中："雷打峒，县治南二百里，瑶总一名，共瑶九十八户，至白水峒四十里；白水峒，县治南二百里，瑶总一名，共瑶二十户，至两丫乡大竹峒二十里；梁家峒，县治南一百八十五里，瑶总一名，共瑶十八户，至蒲家峒八十里；蒲家峒，县治南一百一十五里，瑶总一名，共瑶一百四十六户，至龙潭镇七十里。（以上四峒与武冈连界，设立团总一人。）九溪峒，县治东南一百七十五里，瑶总一名，共瑶二十五户，至金竹峒二十里；金竹峒，县治东南一百八十里，瑶总一名，共瑶九十四户，至对马峒三十里；对马峒，县治东南一百五十里，瑶总一名，共瑶一百八十二户，至雷打峒六十里。其次还有大竹峒、小溪洞、累打峒。"（民国版《溆浦县志》卷二）有关方面学者经过走访雪峰山花瑶土著，确认这十大瑶峒，就是花瑶集中居住的地方，大致分布在今两丫坪、中都、沿溪、淘金坪、统溪河、小横垅、九溪江、北斗溪、葛竹坪、龙潭、黄茅园等乡镇。1953年，包括茅坳等地在内的白水峒划归隆回县管辖，其余九大瑶峒仍然属溆浦县辖（奉锡联著《溆浦瑶族》）。历史上，十大瑶峒曾经是清一色的花瑶地盘，没有其他民族杂居。后来才逐渐交流融合，各民族混居，和谐相处。但个别地方仍保持了花瑶集中聚居的传统，如沿溪芦茅坪、北斗溪黄田和宝山、葛竹坪山背等地，花瑶群众集中聚居在一个自然村或村民小组。

《溆浦县志》还记载："瑶依山而居，斩木诛茅取蔽风雨，间有瓦屋，无窗牖墙垣，内设大榻，高四五尺，左右各一，中置火炉，炊爨坐卧其上，男女无别。客民宿其家就西榻，主人就东榻，虽严冬寝不覆被。唯向火而已。饮食多杂粮，渴则饮溪水，所植多芝麻、粟米、麦、豆、穆子、薏苡、高粱、荞、苞谷之属，刀耕火种，三四年辄弃而别垦，以垦熟者硗瘠故也。弃之数年地又肥，则复来。兼种茶、漆，或赁民山耕作者，岁入鸡一只，漆一盂、茶一二斤以为常。山有林木，则为山主守之，所畜牛、羊、豕、鸡、犬，牧马不能乘，惟售以获利。"（民国版《溆浦县志》卷十一）"云端上的花瑶"，又像是世外桃源，说起来颇具诗情画意，令人神往，其实生活在海拔1000多米的崇山峻岭之间，"山高石头多，出门就爬坡"，衣不遮体，食不果腹，与狼虫虎豹为邻，其艰险困苦程度非今人所能想象。

花瑶人民熟悉雪峰山，适应了雪峰山，他们巧妙地获取"地利"。因为山高坡陡，可耕种的土地很少。其中可用于栽种水稻的水田，尤为宝贵。为了尽可能多种粮食，他们把可耕种的每一寸土地都开垦出来了，一丘丘巴掌大的袖珍型水田，在雪峰山随处可见。延续至今并成为雪峰山巅一大景观的山背花瑶梯田，是花瑶群众创造的一个奇迹。山背花瑶梯田位于溆浦县葛竹坪镇山背村，分布于雪峰山北麓的崇山峻岭之中，梯田分布广，海拔跨度大，以山背村为龙头，与洞上、夜禾田、鹿洞、天星等20多个邻村的梯田连成一片，形成连片纵横近8千米、面积达10平方千米的梯田群。梯田群海拔500~1500米，共1300多级，是我国海拔最高、板块最大的梯田之一。梯田落差大，随山势起伏，依沟壑蜿蜒，盘旋直上，耸入云霄。春耕之后，恍若成千上万片明镜镶嵌在山头；上半年油菜花黄，下半年稻谷金黄，层层叠叠，蔚为壮观。其利用天然水源的排灌系统，既能抗旱又可排涝，把水资源利用到了最大限度。

雪峰山区重峦叠嶂，溪涧交错，在其间生产生活确实非常艰辛。但是，雄奇秀丽的雪峰山自然风光优美，自然资源富饶，动植物种类极多，可谓得天独厚，是其他地方难以比拟的，就像是造物主对艰苦环境给予的补偿。花瑶挑花图案，绝大部分就是取材于当地。雪峰山里无穷无尽的动植物，成为挑花图案描绘的对象。比如，蛇是雪峰山最常见的动物，在挑花作品中也出现得最多，有盘蛇比势、蟒蛇缠树、群蛇聚首、群蛇狂欢、双蛇戏珠、昂头翘尾蛇、无尾双头蛇、蛇缠图腾柱、蛇上树、交体蛇、吐信蛇等等，多达上百种，且蛇的形态各异，充满奇思妙想，寓意多种多样，令人叹为观止。雪峰山养育的挑花艺人，也就是花瑶妇女，把她们熟识的奇葩艳卉、飞禽走兽挑花成为千姿百态的图案，制作成美丽的服饰。精美的挑花艺术，既是花瑶妇女的杰作，又何尝不是雪峰山的慷慨馈赠！

《蟒蛇缠树》

二、自强不息的花瑶

关于瑶族的渊源与历史，有各种传说，版本虽有不同，但都认为瑶族是盘王或盘瓠的后裔。这是一个非常著名的传说故事，流传很广。大意是相传古代原始部落的首领平王有一神犬盘瓠，在另一个部落首领高王发兵来侵犯之际，揭了皇榜，战胜高王凯旋。三公主与神犬成婚，但被送去十万大山之中。据说当时所谓的十万大山，就是如今的雪峰山。

南宋景定元年（1260 年）成书的瑶族《评皇券牒》（江华瑶族自治县新铺公社李家兴家藏抄本）记载："又吩咐群臣，将龙犬一身遮掩，结满五色斑衣一件，以遮其体，绣花带一条，以缚其腰；绣花帕一块，以束其颈；绣花裤一条，以藏其股；绣花布一幅，以裹其头，皆可以遮其羞色也。次日，方才吩咐宫女打扮梳妆，插金带银，择吉日良辰，招赘驸马郎于宫中。"

这一传说，在一些古籍包括正史中也有体现。如《宋史·蛮夷》说："西南溪峒诸蛮皆盘瓠种，唐虞为要服。周世，其众弥盛，宣王命方叔伐之。楚庄既霸，遂服于楚。秦昭使白起伐楚，略取蛮夷，置黔中郡，汉改为武陵。"记载得颇为详细的，是东晋干宝《搜神记》，其"盘瓠"一则说："高辛氏，有老妇人，居于王宫，得耳疾，历时，医为挑治，出顶虫，大如茧。妇人去，后置以瓠篱，覆之以盘，俄尔顶虫乃化为犬。其文五色。因名盘瓠，遂畜之。时戎吴强盛，数侵边境，遣将征讨，不能擒胜。乃募天下有能得戎吴将军首者，赠金千斤，封邑万户，又赐以少女。后盘瓠衔得一头，将造王阙。王诊视之，即是戎吴。为之奈何？群臣皆曰：'盘瓠是畜，不可官秩，又不可妻。虽有功，无施也。'少女闻之，启王曰：'大王既以我许天下矣。盘瓠衔首而来，为国除害，此天命使然，岂狗之智力哉。王者重言，伯者重信，不可以女子微躯，而负明约于天下，国之祸也。'

技艺娴熟的花瑶老婆婆

王惧而从之。令少女从盘瓠。盘瓠将女上南山，草木茂盛，无人行迹。于是女解去衣裳，为仆竖之结，着独力之衣，随盘瓠升山，入谷，止于石室之中。"（《搜神记》卷十四）

《五溪蛮图志》中"五溪苗民风俗图"，也载有这个故事，盘瓠献捷、少女酬功等图配诗，耐人品味。（参见《五溪蛮图志·五溪图案》）

花瑶挑花作品《盘王御龙》图案，反映的就是盘王的传说。瑶民传唱的《瑶族源流之歌》，也有相关内容。

"……盘王出世置天地，置下江河置家园。置下江山人耕种，万古流传到今年。……"

后文也说到盘瓠揭榜破敌。

"手举七星八宝剑，斩杀高王头离身。高王一体两截分，拖头过海回京城，进朝上殿拜评王，献上贼头血淋淋，文武百官厅中看，真假贼头辨认清。朝廷王宫笑声盈，平王欢喜拍手称。"

与公主成亲，远走深山，创立瑶峒基业。

"拜别评王退下厅，文武百官送太宁，红日当空晴万里，盘瓠仙身转人形。太宁花英上路行，一份江山一份天，来到白云八仙峒，从头开基立瑶厅。生下六男又六女，六男娶妇女赘亲，盘沈蒲梅丁杨姓，奉刘严卜雷唐人。"（奉锡联著《民族工作集锦·瑶族源流之歌》）

虽然只是传说，但也为人们追溯瑶族历史提供了某些可资参考的信息。瑶族的历史可以上溯到母系社会，它是中华民族大家庭里一个古老的民族。由于长期生活在相对封闭的环境里，花瑶有近亲结婚之俗。花瑶女子长大成人了，婚嫁之事先要征得舅父家同意，也就是说，姑表兄弟求婚有"优先权"。这一习俗，现在已革除了。

《五溪蛮图志》整理者对"盘瓠"传说进行了辩驳："盘瓠事，谓系出自《搜神记》、《后汉书》之《南蛮传》等撰述而成者。……均不足信也。从此可证，盘瓠事，实属荒唐不经，纯为乌有之事也。……余信此必为古来之一般鄙视苗瑶者，特欲如是以形容之为异类也无疑。余视伊辈和吾人，实无大区别。均同是人类，同为人之裔。不过历来其深居山谷，少与城市有往来，其文化较落后而已。"这是近现代学术渐兴以来比较科学的观点了。(参见《五溪蛮图志·五溪风土》)

雪峰山花瑶，作为瑶族这个古老民族中的一支，因为生活在高寒山区，颇具神秘色彩，历史上与外界的来往并不多，因而世人对于他们的了解比较有限，地方志书、家乘的记载也不是很多，而且瑶族内有诸多支系，一般统称为瑶(民国以前写作"猺")。再加上历史上瑶、苗不分，瑶、苗本是一脉，瑶民被归于苗族。《五溪蛮图志》所说的苗，就包括了长期生活在五溪地区的瑶族。"(崇祯)十五年……溆浦红苗倡乱，知县林龙彩领兵平之。"(《五溪蛮图志·五溪兵事》)地方史学者研究认为，这里所说的"溆浦红苗"，显然就是花瑶。人们一般认为，因花瑶人民服饰独特、色彩艳丽，特别是花瑶女性挑花技艺异常精湛，故称之为"花瑶"。进而说，雪峰山里的瑶家女人们特别爱美，她们的服饰一直承袭着她们先祖古老、新奇、繁缛、怪诞、传统的风格，花瑶女人个个着装艳丽绝伦，火辣抢眼，从头到脚都是缤纷的世界、色彩的海洋。她们娇美的身影闪动在那绿意葱茏的山野，远远望去，俨然束束耀眼的山花。于是，人们便誉其为"花瑶"了。

据有关人士考证，至迟在清代，花瑶这一称呼就已经出现了。清咸丰元年(1851年)《奉氏族谱》已自称花瑶。据 2006 年版《隆回县志》："奉氏家谱序言记载：'……独我花瑶于此典而阙如，诚憾事也。'故隆回瑶族又称花瑶。"又如，清代手抄本《雪峰瑶族诏文》(也有称《瑶族罩贴》《雪峰瑶族照文》)最后一段中："……今汉多猺(瑶)少，人烟亦居稀散，原田少而山多，本山高而水陡，此地是三年两不收的。恩蒙陶宪查见苦猺(瑶)民十分懦弱，惟有好花猺（瑶）永起不动……" 此处需要说明一下，手抄本《雪峰瑶族诏文》原件没有注明作者、年限，但从其由右至左竖排无标点书写以及繁体字、文言文语法等就可断定该手稿至少出自清代。文中的"猺"字，民国初年已通令不再使用，新中国成立以后已一律禁止使用，统一改为"瑶"字了。因而这一段文字的书写时间不会在民国以后。由曾任溆浦县民族事务办公室主任的花瑶人奉锡联先生搜集整理、溆浦民族事务办公室翻印（2007 年）的《雪峰瑶族诏文》落款为"清皇上乾隆十年冬立"，乾隆十年是公元 1745 年。但奉锡联先生没有记载其出处。据现有的史料，可以说，"花瑶"的名称在清代前期就已经出现了。（参见奉锡联著《溆浦瑶族》）

说到花瑶，就不能不提芦茅坪。芦茅坪瑶寨位于沿溪乡的大山腹地，原属于黄土坎村，现合并于烂泥湾村。乾隆版《溆浦县志》记载的顿家山，即今黄土坎到满天星一带，是瑶族祖居之地，芦茅坪位于顿家山的核心位置。"顿家山，县东南二百里，其巅曰老营坡，曰牵牛营，曰泠崎山，曰磨架山，磅礴袤延，为卢峰之祖，龙湾水发源于此，至高明溪与溆水合，古为瑶地，后土民顿姓盛，遂以名，今顿亦式微矣。"（乾隆版《溆浦县志·卷三》）老营坡，又名老鹰坡，是一座非常陡峭的山坡，溆浦通往隆回官道的必经之地，旧时曾设兵丁驻守。从老鹰坡上进入溆浦境内，经善因亭到芦茅坪。

林则徐在湖广总督任上，不辞劳苦，跋山涉水，前往湘西一带校阅营伍、考察吏治与武备，由宝庆（今邵阳）至溆浦，走的就是这条路。他在日记中做了记录，并在奏折中说，臣思此等险要地方，正须于无事之时亲为周历，察其形势，记其厄塞，并可于民瑶交错之处，以稽查为弹压，示震慑以声威。遂于宝庆（邵阳）、新化、溆浦、辰溪等县所辖悬崖深涧之间，绕行累日。

花瑶群众均认为，溆浦乃至整个雪峰山花瑶都起源于芦茅坪瑶寨。从芦茅坪直上翻过老鹰坡而下，几十里地面至今仍无民居，被

艳丽的花瑶服饰

称作满天星。从清末到民国，长期兵荒马乱，那一带就成了绿林豪客的天下。20世纪30年代，舒新城先生从上海回乡要过老鹰坡，因为害怕被"关羊"的传闻，商旅行人结队由枪兵护送。现在分布在雪峰山区各地的花瑶村寨，大多是由芦茅坪迁出去的，他们的居住范围，全部在以芦茅坪为圆心的周边一片圆形小区域内，仅限于与溆浦、隆回两县接壤的雪峰山区高山地带。花瑶族人寻根问祖、祭祀祖先，还要回芦茅坪。芦茅坪瑶寨的山坡上建有黄瓜寺，在几百年里曾是花瑶的圣地。现在寺已无存，但"黄瓜寺界上"这一地名至今广为花瑶群众所知。有意思的是，在花瑶众多姓氏中，奉姓等姓氏的图腾是黄瓜，黄瓜寺是奉氏等姓氏最为崇敬的神圣之地，全族只此一寺。以前，不论何地的相关姓氏花瑶民众都要来此朝拜。这一习俗，源于一段惊险的血泪史。相传花瑶祖先在江西吉安府田庐居住期间，遭到当地官府赵、鲁二督统带兵残酷镇压，瑶民被迫四处奔逃。在兵马的追赶下，不少老人、妇女、小孩走不动，便躲藏在鹅颈大丘的黄瓜、白瓜丛中。有些怀孕妇女因急于奔走，惊恐伤心，在黄瓜、白瓜棚之下，胎儿早产，妇女血流满地，跪地哭诉求救。追杀士兵见状，报告统兵军官。军官闻知也于心不忍，于是插下令旗："此处赦留，不准斩杀。"因此，凡躲在鹅颈大丘黄瓜、白瓜棚底下的人，都保住了性命。瑶族祖先为了纪念这次在黄瓜、白瓜棚底下避难，免遭杀害，对天发誓："永传后代，要越过农历七月初二才能吃食黄瓜、白瓜，如有违禁，则子孙不昌。"他们认为是黄瓜仙人显灵，使带兵军官心生善念，救了妇孺老幼。从那以后，奉、沈、蒲三姓必过七月初二至初四日才能吃黄瓜和白瓜，卜姓才能吃南瓜，并建立黄瓜寺，祭祀黄瓜仙人。每年农历七月初二日至初四日还要集会举行隆重的纪念活动，以示缅怀。

由芦茅坪上去的山坳上，有一座著名的古亭——善因亭，是雪峰山花瑶来往的必经之地，也是他们长途跋涉之后小憩的去处。从

花瑶发祥地——沿溪乡烂泥湾村芦茅坪全景

围坐火塘边

善因亭过去，就是一路下坡，进入隆回境内。澧州学正欧阳佶撰写
的《善因亭记》描写道："邵、溆之间有山，峻且险，迤逦而下溆，
形如蜂腰，绕若羊肠，为我郡入黔、滇孔道。"（同治版《溆浦县志》）
善因亭已经几度修缮，饱经沧桑，是雪峰山花瑶社会变迁的历史见
证。由于花瑶族内没有文字记载，有关顿家山、芦茅坪、善因亭等
地花瑶活动的历史，方志记载甚简，另外可散见于一些姓氏的族谱
里，有待于进一步考证和挖掘。

三、洒满血泪的迁徙史

瑶族是一个受尽压迫而又独具反抗精神的民族。长期以来，瑶
族人民遭受历代反动统治阶级的残酷压迫和剥削，过着辗转迁徙、
寝不安席的生活，不得不反抗。他们反抗封建统治的斗争，直到民
国时期都时有发生。讨伐和反抗的结果，是瑶民一次次地背井离乡，
四处寻找安身之地。有名的挑花图案《朗丘御敌》就是瑶族首领带
领群众反抗压迫的历史记录。朗丘即头人，图中朗丘骑在马上，斩
获敌人的首级，展现了瑶族将士守卫家园、英勇杀敌的场面。

早在汉代，瑶族先民就揭竿而起，进行反抗斗争。随着人口的
增长和封建统治的加强，历代王朝不断加强对瑶族人民的压迫和剥
削。压迫愈重，反抗愈烈。据《宋史·蛮夷》记载：宋真宗天禧二年
（1018 年），"辰州都巡检使李守元率兵入白雾团（今溆浦均坪白
雾头），擒蛮寇十五人，斩首百级，降其酋二百余人。"《续资治
通鉴长编》记载，元丰元年（1078 年），荆湖北路转运司言："辰
州界猺贼二十余人焚劫溆浦县民户，闻系丁先锋残党沈七、丁翼等
未出首，身居深崄山峒，临高据隘，官兵无由御备。"

明嘉靖三十八年（1559 年），以沈亚当为首的溆浦龙潭瑶民起义，
反抗明王朝统治者对瑶民的残酷压迫。溆、隆两县毗邻瑶民纷纷响

应，参加人数达数千人，起义斗争坚持了三年零六个月。明贵阳总兵石邦宪率兵征剿，连连战败，不得已斩子于龙潭云盘山，重申军令，集中兵力攻打瑶民起义军。瑶民因寡不敌众，结果失败了，从此瑶山人民为怀念战亡的兄弟姐妹，定每年农历五月十五日为纪念日，叫"讨念拜"。此次起义在明史中有记载："湖广溆浦瑶沈亚当等为乱，总督石勇檄邦宪讨之，生擒亚当，斩获二百有奇。"（《明史·列传九十九》）

明崇祯十六年（1643年），瑶族首领刘南山、步连山、奉明还等起义反抗官府招主贺鼎春、贺忠清横行霸道、侵占土地、为非作歹、欺侮瑶民的行为，取得了胜利。

清王朝统治时期，瑶族人民的反抗斗争也接连不断。清雍正元年（1723年），回姓七姊妹起义反抗封建统治者强征暴敛。地方汉族豪绅廖翁元集兵围剿，战败。廖即报请皇帝，遣兵征服，血洗瑶山。人们为了纪念死难者，将每年农历七月初八日定为纪念日，叫"讨僚饭"。

瑶族是历史上迁徙较多的民族之一。相传花瑶的祖先属于古代北方蚩尤部落，后为战争所迫，相率南迁，一路上"漂湖过江"，跨过黄河、中原和长江，到达浙、闽等地，后迁至江西的吉安府田庐居住。而据考证，秦汉时期，瑶族先民就活动在湖南湘、资、沅中下游和洞庭湖沿岸一带。南北朝时期被迫北迁长江、淮河之间。随后，又过长江越洞庭湖进入湘南、赣北地带。溆浦瑶族至今流传着"漂湖过江"的故事。依据这个故事创造的挑花图案《漂湖过江》，是最有名的挑花作品之一。图中瑶族首领头戴三尖神冠，长发飘逸，英姿焕发，骑在龙背上，龙须龙尾曲折律动，鸾凤飞舞，非常形象生动。《盘王御龙》等作品也大致以这个故事为背景。

隋唐时期，湘、资、沅流域和洞庭湖一带又成为瑶族活动的主要地区。宋朝时期，天荒战乱，强族欺侮弱族，居住在"三江一湖"的瑶族生活窘迫，又举旗迁徙，飘落异乡。溆浦瑶族先民迁至江西吉安府一带，在这里居住的时间较久，据清咸丰元年（1851年）《奉氏族谱》"序"中记述："奉明公原籍江西吉安府，田庐、坟墓均在鹅颈坪。"因遭受封建统治者的血腥镇压，瑶族先民一部分迁陕西，一部分迁云南，一部分迁贵州。迁往贵州的一部分，尔后再迁往广西桂林。迁往桂林的一部分人，后又辗转来到湖南西南山区。由于官府派兵穷追不舍，为了寻求栖身之地，这部分瑶民被迫再度迁徙，沿沅水直下至洪江，花瑶在此定居二百余年。"七姓瑶"顺沅水到辰溪、沅陵、永顺、麻阳、泸溪一带，刀耕火种，生息、繁衍一百多年，其后裔又沿河直上大江口，随溆水入溆浦。同治版《溆浦县志》记载"宋徽宗崇宁二年（1103年），辰溪瑶叛人激杀县令。……"证实了首先进入溆浦境内的是蒲、刘、丁、沈、石、陈、梁"七姓瑶"，分别居住在江口、思蒙、仲夏、水田境、马田坪等地。明洪武元年（1368年），定居在洪江的部分"花瑶""花裤瑶"，受尽了地方统治者、豪绅官吏剥削欺凌，分成两路陆续迁往溆浦。一路从洪江随沅水至江口，又沿溆水到达溆城的马田坪、梁家坡、万水、瑶头、高明溪，主要是奉、杨、唐、严、蒲等姓氏。明万历元年（1573年），奉姓添顺公从溆浦低庄迁新化奉家山大坪落脚。一路从洪江经塘湾迁入龙潭。主要是奉、刘、蒲、严、沈、梅、蓝、丁、步、卜、回等姓，据奉氏族史载："五房始祖影世公明洪武元年，从洪江徙户至龙潭。"均可证实其后裔是这一时期迁入龙潭的。在龙潭居住期间，他们仍遭朝廷官兵镇压和地方势力欺侮，大部分瑶民被迫迁往溆浦、隆回交界的沿溪、龙潭、茅坳、虎形山等深山老林里。入溆三个支系的瑶族，在雪峰山区扎下根来，安居生活了600多年。人口逐渐增长，扩散到两丫坪、淘金坪、统溪河、小横垅、九溪江、北斗溪、葛竹坪、温水、横板桥、合田，形成今天溆浦瑶族的分布局面。瑶族辗转迁徙，过着艰苦的游耕生活，是历代封建统治者进行残酷的阶级压迫、民族压迫造成的。但在漫长的岁月里，不论环境多么险恶，生活何等艰难，勤劳勇敢的瑶族人民，还是凭着自己的双手和无穷的智慧，顽强地生活了下来。

明、清以后，瑶族群众基本上在聚居地扎根了，上述几次著名的瑶民起义被镇压之后，瑶民没有再迁徙。官府把镇压与教化结合起来，恩威并施，对少数民族的管治教化措施越来越强。花瑶在雪峰山过了几百年相对安定的生活，瑶、汉之间的交流、融合增加了，花瑶的习俗已有所改变，生存处境有所改善。但是清末到民国初期的战乱动荡，对全国各族同胞来说都是灾难，花瑶虽然深藏雪峰山中，但也难以幸免。雪峰山里兵匪横行，绑架勒索，洗劫村寨，瑶汉人民生活在水深火热之中，只得靠自己保护自己。

在多民族组成的大国，处理好民族关系以保持社会安定，历来是治国的一项重要任务。历代正史对瑶族活动的记载并不少，把瑶族与其他少数民族一起视为"蛮夷"，记录在"蛮夷传"中。在漫长的封建社会，瑶族一直受到统治者的歧视，饱受压迫，逼得瑶族同胞不得不反抗，不得不经常迁徙，向深山老林寻找栖身之地。千百年来，他们的族称一直沿用反犬旁"猺"字，这是封建统治者强加的一个侮辱性称呼，充分说明历代统治者根本不把瑶族当人看待。清王朝被推翻以后，民国实行"五族共和"，提倡民族平等。1940年，国民政府颁布训令，禁用猺、犵、獞等字眼称呼少数民族同胞，但未能推广普及。新中国成立后，实现了各民族一律平等，才彻底取消了带有侮辱性的民族称谓，将"猺"字改为"瑶"字，统称为瑶族。花瑶人民与全国各族人民一样，成了新中国的主人，满腔热情地投身于社会主义建设事业，在雪峰山区，发生了翻天覆地的变化。1950年10月1日，岩儿塘乡茅坳村（当时属溆浦管辖）瑶族代表刘笃应受邀赴京参加国庆盛典，幸福地见到了毛泽东主席等党和国家领导人。几十年来，花瑶同胞以主人翁姿态，弘扬爱国主义传统，积极参与国家建设事业，为实现中华民族伟大复兴做出了重要贡献。

四、悠久的爱国主义传统

瑶民并非天性爱好迁徙不止，他们与各族同胞一样，向往安宁的生活，是统治者的歧视与压迫使他们不得安生。镇压与反抗会形成恶性循环，造成社会动荡，对封建统治者也是不利的。统治集团中的一些有识之士基于对少数民族治理的理性思考，认识到仅仅靠镇压政策来处理与少数民族的关系是远远不够的，不是维护统治的长久之计，因而比较注意安抚瑶族等少数民族，并任用瑶族头人参与管理地方事务，"以瑶治瑶"，以保持社会安定。《宋史·蛮夷》记载："有辰州猺人秦再雄者，长七尺，武健多谋，在行逢时，屡以战斗立功，蛮党伏之。太祖召至阙下，察其可用，擢辰州刺史，官其子为殿直，赐予甚厚，仍使自辟吏属，予一州租赋。再雄感恩，誓死报效。……再雄尽瘁边圉，五州连衮数千里，不增一兵，不费帑庾，终太祖世，边境无患。"刺史为一州长官，品位不低。秦再雄身为瑶人，能当上辰州刺史，且能够安守一方，在两千多年的封建社会中也属凤毛麟角，足见宋太祖识人善任。

从雪峰山腹地走出来的溆浦人严如熤，是清代乾嘉年间湖湘经世派的开路先锋。他早年在湖南巡抚姜晟幕中，对湘西、贵州一带的少数民族做了深入了解，对处理民族关系具有独到的见识，提出了积极有效的策略，为平定和安抚苗民起义、化解苗民与官府的矛盾、恢复社会秩序，做出了重要贡献。与多数官员一味主剿不同，他主张以安抚为上。他深入苗寨，坦诚相见，设身处地为苗民着想，苗民为之感悦。《国朝先正事略》记载："大小章者，故土司遗民散处边界，名曰仡佬，最骁健，……公（即严如熤）乃募能为仡佬语者，得向国果等赴大小章，开示利害，挟其酋六人以出。公推诚与同卧起，咸感悦，歃血誓不反，送子弟十九人为质，……而大小

章于大府檄或不奉，必得公手书始行云。"严如熤的手书比官府的
书札更可信，可见他在仡佬大小章一族心目中的位置。后来他把自
己的经验贡献给朝廷，并应用于治理汉中的实践，大获成功，他因
此成为清朝一代能吏。嘉庆帝称他是"天下第一知府"。

　　《辰州府志》"溆浦瑶俗"一节，倒是对溆浦瑶情分析得比较
中肯："瑶性淳朴而有信，与人约，必践。……昔或偶然蠢动，非
团总招主强夺其土地、侮辱其妇女，奸民乘间诳之以利、迫之以饥
寒，怨怒积于中，必不敢也。"（乾隆版《辰州府志》卷十四），
生活条件低下的瑶民是容易满足的，之所以偶然会铤而走险，是因
为瑶民上层分子的胡作非为，当然，瑶民上层分子的胡作非为，是
与官府的纵容利用分不开的，府志没有也不可能找到根本原因。乾
隆年间溆浦县令陶金谐，关心民间疾苦，史上有勤廉之名，就是个
能干的好官。他曾亲自巡行瑶寨瑶峒，了解民情。其诗《自老庵堂
至白水峒》记录道："两山恰对门，上下六十里。众峰如连鳌，鳞
次脊相倚。仰视何崚崖，少进益磈磊。蹬道盘虚空，冰滑不受趾。
攀援借危藤，颙顼连群蚁。首下尻反高，目眩心先靡。栈危崖欲仆，
云拥山复徙。绝顶稍开豁，晖晖漏余昷。其下有寒泉，清冷碧玉委。
居民四五家，几席杂鸡豕。趋前竞慰劳，未觉村野鄙。白鸟自闲适，
见人忽惊起。"（同治版《溆浦县志》）

　　白水峒是溆浦十大瑶峒之一，老庵堂也是一处天险，万山围绕，
峻阪陡绝，幽溪一线，有路通武冈。老庵堂至白水峒一带当时是瑶
族群众的居住区。

　　在加强对瑶族居住区治理教化的同时，瑶民子弟也可以像汉族
子弟一样上学了。在溆浦，瑶家子弟上学始于何时，还有待考察。
但在清乾隆版《辰州府志》已有记载："瑶人就学者少，间有一二
应试者，举止朴鲁，文亦如之。"（乾隆版《辰州府志》卷十四）
之后，县府专门设立瑶学，鼓励瑶民送子弟入学读书。教瑶族子弟

识字，教以诗书礼乐，通过这一途径对瑶族群众进行"教化"，这可算是花瑶历史上的一件大事。溆浦县志记载瑶学"旧在二区三渡水（今沿溪乡金鸡垅村）。清雍正七年（1729 年）邑令吴瀚建。清乾隆八年（1743 年）移建滥泥湾（今沿溪乡烂泥湾村）。"《贺氏族谱》记载："雍正三年，既设瑶民学额三名。以贺姓有山土招瑶开垦，令立义馆，教使读书。清乾隆庚戌（1790 年）邑令鲁习之，复令建馆椒溪（今中都乡椒溪村），仍旧课读。嘉庆时，馆犹存。"设瑶学这一举措，当然是出于维护封建统治的目的，但是客观地说，促进了瑶族社会发展进步。在漫长的封建时代，瑶族人民不仅不识字，而且连进学校的权利都没有。到清代能专门设立瑶学，招收瑶族子弟就学，虽仍带有歧视意味，但其进步意义是应该予以肯定的。清末秀才周方炜写的《竹枝词》有"瑶童"一首："带经一样荷锄归，汉籍瑶童果是非？寄语裹盐归峒客，可能蛮布织弓衣。"（《溆浦诗抄》）

虽然出于各种原因，瑶学没能坚持下来，但瑶学的开办，培养了瑶民向学尚文的风气，瑶人、汉人之间的发展距离进一步缩小。

尤其需要指出的是，花瑶是一个具有深厚爱国主义传统的民族，每当需要为国牺牲的时候，他们从不含糊。明嘉靖年间，倭寇经常袭扰我国沿海苏、松一带，抢掠烧杀，出没无常。官兵疲于应付，百姓深受其害，朝廷诏调湘西土司率所部苗瑶兵马三千人赴沿海征剿倭寇。各族官兵克服重重困难，奋勇杀敌，大破窜犯境内的倭寇，保障了海疆安宁，受到朝廷奖赏。明万历四十七年（1619 年），明朝与后金大战（即著名的萨尔浒之战），又诏调湘西兵马五千援辽，"战于浑河，全军皆没"。湘西苗瑶土兵为国御寇、靖难，功不可没。这些事例充分说明，苗瑶人民不是天生就喜欢反叛，"不服王化"，他们同样热爱自己的国家，向往和平安定的生活，只要统治者措置得宜，他们是乐于服从的。1945 年春夏之交，日本侵略军发起雪峰山会战，一部窜犯至溆浦龙潭。瑶民积极投入救亡运动，支援前线作战。洞口瑶族首领兰庆达率领洞、溆两县 30 多人的瑶族抗日游击队，坚守要道，侦察敌情，配合正规部队一道作战，为夺取会战胜利立下了战功，书写了花瑶史上保家卫国反抗侵略的光辉一页。

第二章　古朴的花瑶文化

一、刀耕火种的历史

　　瑶族社会的发展，经过了漫长的原始社会阶段。从考古工作者在溆浦、辰溪、沅陵等地发现的新石器时代的石斧、石铲和各种陶器以及兽骨、螺丝等文化遗物来看，在远古时瑶族和南方一些少数民族的先民就劳动、生息、繁衍在史称武陵、五溪的地区，从事农业生产。随后的汉文史籍也说他们过着"依山险为居，刀耕火种、采食猎毛，食尽则他徙"的游耕生活。到了宋代，瑶族"随溪谷群处，砍山为业，有采捕而无赋役"。这些记载反映了瑶族当时尚处于原始社会时期的游猎游耕生活状况。《五溪蛮图志》有诗描述"刀耕火种"：

　　绿野郊原杂树多，蛮刀砍去种嘉禾。一犁春雨人耕后，共祝年丰摆手歌。（刀耕）

　　春来枯草遍山坡，野火延烧气候和。播种乘时勤破土，西成玉米结多多。（火种）

　　汉、瑶等族先民在溆浦境内生活居住的历史也是很久远的。位于溆浦大江口镇的岔尾遗址，出土的文物有磨制石斧、刮削器、蚌镰、骨针、红陶、夹砂弦纹褐色陶等，属于新石器时代大溪文化遗址，距今已近7000年。位于桥江镇独石村一组的龙家山遗址，出土的文物有石斧、夹砂灰陶、红陶、曲腹杯、罐、圈足杯等，属新石器时代晚期遗址，距今5000多年。溆浦在地理位置上属于湘西的东大门，

传习所一角

远古时期，与五溪蛮聚居的湘西各地略有不同，汉族进驻较早，各族混居的时间较长，因而在《五溪蛮图志》中并未将溆浦划入五溪蛮聚居区。但是，溆浦瑶族的先民与五溪流域瑶族的先民，在地理与族群上并无区别，其历史渊源与生产生活习俗也是大同小异。总的来说，瑶族聚居区的生产力水平远低于当时社会平均水平，这是多方面原因造成的，但主要是由于统治集团的歧视和压迫，瑶族群众长期生活在偏远山区、穷乡僻壤，无法同等地享受科学技术和生产力发展的成果。

唐末宋初，瑶族先民在汉族先进技术影响下，农业生产不断得到发展。由于周围汉族地区早已进入封建社会，加上封建王朝对瑶族地区统治的加强，在瑶族地区实行开拓措施，推行"以瑶制瑶"政策，委任瑶族首领为官，推行"计口给田"或"籍户授田"制度，封建领主经济有了进一步发展。但居住在深山老林的瑶族，仍过着"刀耕火种"，"不供征役""不入版籍""各以其远近为伍"的原始生活。《宋史·蛮夷》记载："嘉定七年（1214年），臣僚复上言：'辰、沅、靖三州之地，多接溪峒，其居内地者谓之省民，熟户、山徭、峒丁乃居外为捍蔽。其初，区处详密，立法行事，悉有定制。峒丁等皆计口给田，多寡阔狭，疆畔井井，擅鬻者有禁，私身者有罚。一夫岁输租三斗，无他繇役，故皆乐为之用。边陲有警，众庶云集，争负弩矢前驱，出万死不顾。比年防禁日弛，山徭、峒丁得私售田。田之归于民者，常赋外复输税，公家因资之以为利，故谩不加省。而山徭、峒丁之常租仍虚挂版籍，责其偿益急，往往不能聊生，反寄命徭人，或导其入寇，为害滋甚。"在宋代，已经对瑶民"计口给田，多寡阔狭，疆畔井井，擅鬻者有禁，私身者有罚"，瑶民有地可种，且不得擅自买卖，能够安居耕作，不再迁徙游耕。但积久弊生，民间田地私相买卖的情况越来越多，瑶民往往因遭受天灾人祸而出卖田地，贫者愈贫，生计无着；而"归于民（即汉民）"的田地，也要被征两重租税，地方官贪图眼前小利不加详察，只顾催收，渐渐弄得瑶、汉人民都陷于困境，民不聊生，引起社会动荡。

元、明时期，封建王朝在瑶族居住地区推行土司制度，瑶族地区的封建地主经济更进一步发展。到了明末清初，汉族豪强地主在瑶族地区"招瑶为佃"，"以瑶为利，入其私租"，对瑶族进行封建地租剥削，瑶族地区封建领主经济日趋崩溃，封建地主经济开始确立。居住在边远高山地区的瑶族，交通闭塞，社会发展迟缓，生产方式还很落后，仍过着"随溪谷群处"，"不属于官，亦不属于峒首"，"种山而食"，"散育野莽，不室而处"的生活，生活水平处在原始社会末期。到新中国成立以前，瑶族地区基本确立了封建地主经济。但社会发展不平衡，社会组织、婚姻制度、风俗习惯、宗教信仰等方面还保留较多的原始社会残余。有的地区还受封建领主经济影响，个别地区仍处于原始阶段，公有土地占有很大比重，生产实行集体耕作，平均分配产品。社会组织仍设"峒主""瑶王""头人"。按习俗组织生产、生活，调整内部关系。

聚居在高山峻岭间的瑶族先民，种植粟、黍、旱禾、山芋、豆、薯类等作物，以杂粮为主食，每遇饥荒则上山挖蕨根和采集野果、野菜、竹笋之类度饥荒。到了近代，由于生产不断发展，农作物种类逐渐增多，产量有所提高，大米、玉米、红薯已成为主食。各种农作物的种子，都是每年收获时自己择优留用，他们相互之间也经常交换或从外地引种，作物品种质量得到改良。直到新中国成立后一个较长时期里，雪峰山是传统的粮食、蔬菜品种资源最丰富的地区之一，可惜现在许多作物已难以见到了。花瑶的日常菜肴有豆类、瓜类、辣椒、青菜、葱蒜等，还有家禽家畜和山珍鸟兽等肉食。每逢节日，小节杀鸡，大节杀猪。每逢客至，以烟酒示敬意。

随着社会发展，花瑶与各兄弟民族之间的物资交换、货物买卖逐渐频繁起来，他们必需的生活物资，比如食盐、农具等，可以从外面购买。他们族内的交易、借贷、通信没有文书，只以圆木斜削两头而中分之，叫作"木口"，各藏一半以为信物。山岭上的天水田，靠引水灌溉。大家合力修好水渠后，在分水处用"木口"分配水源，根据各家需水量的多少决定"木口"的长短深浅。"木口"还用来传信，有事一律以"木口"传闻诸峒，有紧急事情则加木炭、鸡毛。这种奇特的习俗，人们称之为"瑶人解（解，方言，锯的意思）木口"。其中引水灌溉用"木口"分水的做法，在溆浦一些山区有时还能见到。

二、充满仪式感的生活习俗

瑶族人民由于经济生活贫困，迁徙频繁，所居住的房屋极为简陋。一般的住屋有木屋、茅棚和岩屋等形式。木屋一般为"三柱四棋"，一栋四排三间，中间一间叫"堂屋"，作为祭祀祖宗、迎待宾客和办婚丧大事之用。左右两间叫"住房"，顶为"人"字形。两边配有"偏屋"，为灶屋、猪牛栏、厕所。仅富人才有这样的木屋，一般花瑶家庭即使有木屋也相对较简陋。木屋顶上盖的不是瓦，而是杉木皮。在砍伐杉树的时候，按照通用的尺寸，将树皮分段完整地剥下来，展开压平码成堆晾干，盖屋时用竹篾固定在椽子上，颇为结实耐用。穷人则住茅棚、岩屋（多为天然洞穴、岩屋）。近代以来，有的富裕花瑶家庭模仿汉族的建房形式，建造四合院，上楼下屋。新中国成立后，瑶族人民的生活不断得到改善，杉木结构和砖墙瓦顶的新式房屋越来越多，居住条件有较大改善。

瑶族家庭为一夫一妻制，一般不与外族通婚。男女青年婚前社交比较自由，利用节日、集会和农闲串村走寨，通过对歌寻偶，双方情投意合，即互赠信物，以订终身。但也要征求父母意见，双亲同意后，请媒人说合。挑花作品《山歌传情》描绘的就是花瑶男女对歌的场景。古树林立间，一幢精致的木楼上，一小伙打开窗户，露出上半身，举起双手手掌，张圆了大嘴，放开歌喉，向对面的心上人表达爱意。有的地方青年男女建立感情后，互相往来，父母不加干涉，社会也不非议。男子上门不受歧视，寡妇再嫁不禁止。

　　花瑶婚礼最有特色，完全不同于瑶族其他各支系的婚俗。在订婚当日，男方先托媒人携带一把老油纸伞去女方家试探。如女方也有意，就再找个媒人，找的方式不限，但男女双方必须都有一个男媒人做伴。订婚当天，媒人背一把油纸伞与送礼品的挑夫同去女方家，进女方屋时，媒人把伞放在堂屋的神龛上，女方背地取下伞，并在伞内的撑篾上悬挂事先准备好的"贝包"，将伞原样放好后才开席招待媒人饮酒。伞内的"贝包"是用十二色花巾和丝线扎成的十二个丝线彩球，即为订婚信物。媒人将伞带回后，"贝包"永远保存在男方家。如果遇到特殊情况需要解除婚约，女方家必须取回放置于伞内的丝线彩球。娶亲那天，女方家要准备出嫁酒宴。女方家准备许多湿田泥巴放置门口，当饮酒至喊口令"四季发财"时，就燃放鞭炮以示庆祝，妇女们在此时便欢呼着将湿泥巴向媒人和男方客人身上乱涂乱扔，男方媒人立即取伞从堂屋正门溜走（媒人溜走只许走正门）。发现他们开溜，女人们一拥而上，追逐更加激烈，要一直追到离家50米左右的"卧倒"旁才能止步。所谓"卧倒"，即指事先在红纸上所画的一盘平铺在路边的五子棋盘，把25根木棍（现在大多只用15根木棍了）竖插于线条的交叉点上，再以红色的绒线互相牵连缠绕。而媒人尽管浑身是泥，反而异常高兴，一个劲儿地向糊泥巴的妇女们道谢，有的还特地准备钱物表示酬谢，因为糊的湿泥越多，说明女方越满意这门婚事。如果不糊泥，则表示女方对这门婚事有意见。因此，男方来人无不粘泥，所粘泥水的衣服也要穿回男方家，保存三天才能洗掉。

　　迎娶之时，新娘概不坐轿，由女方亲人送至男方家，但新娘父母不能送嫁。新娘、媒人和送嫁亲朋好友同持雨伞步行。不论路程

　　远近，都必须到傍晚时分才能进男方家。在离男方家约 500 米处，也同样设"卧倒"，到那里就燃放鞭炮，庆祝新娘进入男方家。此时，新娘与送亲妇女都必须撑开所携带的雨伞缓步前进。一行人走到堂屋外"喊杀"（即驱邪）的几案旁站立，执行"喊杀"的人高声念咒语，然后杀雄鸡一只，把鸡血绕地洒一大圈，最后焚纸、抛米、洒酒于地而结束。"喊杀"之后，新娘与送亲妇女才收伞进入堂屋。而此时送亲的男子们则被邀酒者拒之门外，过三道拦门酒。他们得能说会唱，逢双数的敬酒必须喝，递送过去的肥肉也必须吃。由于花瑶人信奉梅山神，在过了第二道拦门酒之后，新郎家请来的法师要主持祭祀仪式，祈祷梅山神保佑新人。邀酒完毕，男客人才能进堂屋，然后摆桌设席。之后正式举行婚礼仪式，新娘到了堂屋，先向神龛行鞠躬礼，再朝堂屋门外行鞠躬礼，其意是先敬祖宗再敬天地神灵，然后进屋就座。花瑶人新婚之夜不闹洞房，新娘整晚独坐在堂屋中，不吃不喝，新郎则帮着做点家务事，他们与其他人的欢闹似乎毫不相干。当晚新娘不入洞房，也不与新郎见面，由所有男女来宾及男方亲戚朋友等陪同熬夜。这一晚的主要活动有三种：一是"对歌"，由男女双方各选歌手对唱山歌；二是"夜讪"，主要是男女对唱瑶歌，瑶歌和山歌是不同的；三是"打滔"，俗称"蹴屁股"，主要是女方送客与男方陪客之间异性轮流蹴，互相逗乐打趣以消磨时光，愉快地度过这个夜晚。"打滔"前双方讲几句客套话，大意是"对不起，要借您尊贵的轿子（即膝盖）坐一坐"，对方则答"只怕我的轿子贱，您温暖的屁股不愿坐"，讲完后便向对方的膝、腿上坐下。男性可坐女性的大腿，女性也可坐男性的大腿，如此这般整个晚上，婚礼才算完成。著名的花瑶挑花作品《打滔成婚》，就是描述这一婚俗的。

　　花瑶"捕薄德"，即妇女生产后"打三朝"，也是一项比较隆重的家庭大事，体现了花瑶对添丁增口的重视，注重仪式感。"三

花瑶婚俗（拦门酒）

花瑶婚俗（打泥巴）

朝"后几天，产妇娘家要组织家人准备厚礼去祝贺婴儿降生，婆家大办筵席迎接客人到来叫"捕薄德"。女子生了小孩，就由丈夫抱一只公鸡和一锡壶米酒去报喜。到岳家时，把酒壶放在神龛上，生的是男孩，壶嘴对内；生的是女孩，壶嘴对外。岳家看到报喜鸡和酒壶就明白生的是男是女了。不论是男孩或女孩，在生第一胎时，女方娘家都要隆重地举行"捕薄德"礼仪。先请算命先生择好日子，再请挑担工 12 人，到了吉日那天，宗堂上亲戚六眷和挑担工都到产妇娘家集合，少则 30~50 人，多则 100~120 人。男方家要盛情款待，礼节烦琐，讲究很多。

从上述这些礼节仪式可以看出，尽管生活环境与条件很差，但是，花瑶却是一个充满仪式感的民族，那些奇特古怪的活动，通过细致曲折的仪式进行演绎、展开，给花瑶村寨和寻常生活增添了无穷乐趣，也体现了花瑶文化的神秘与深厚。

"不能放过媒人公！"

接亲的队伍

花瑶婚俗（蹾屁股）

三、宗教信仰与节日

花瑶信仰的宗教以道教为主，同时保留本民族许多原始宗教残余，崇奉坛神土地，家神庙王，盛行"掇䬸"。花瑶相信灵魂不灭，人死了他的灵魂就到了另一个世界，他们虔诚地崇拜祖先。花瑶对变幻莫测的自然界保持着崇敬的心理，他们用"癝"来称呼各种异己的力量。巫师和巫术在花瑶社会中占有很高地位。瑶族人认为人患病了是妖魔鬼怪的捉弄，要请巫师"掇䬸"驱鬼消灾。妇女怀孕，请巫师"掇䬸"求神保胎。杀过年猪也要请巫师"掇䬸"探听来年福祸。人死了必请巫师"掇䬸"打开道路，使死者顺利地上天堂，叫"呦嘎乃"。不少瑶民把一切灾祸、疾病都归咎于神灵，靠"掇䬸"消除。1949年前，瑶族生产、生活中迷信禁忌较多。奉、沈、蒲三姓必过七月初二至初四日才能吃黄瓜和白瓜，卜姓才能吃南瓜。不准乱踩火坑中的三脚架。沈姓人七月初八忌男女同房。逢戊不动土，山向不空忌建房、葬坟。正月十五过后忌敲锣击鼓。

花瑶把水和火看作神圣之物。他们一年的宗教活动就是从祭水神开始的。每年腊月二十八日（月大二十九日，月小二十八日）晚半夜时分，"把总"即代表村民到泉水边烧香纸，并丢几枚钱币入泉水中，祈求水神保佑一年水流畅通无阻，并挑一担水回家，然后各户才去挑水。对火的崇拜除了焚烧砍倒的林木要由"把总"或"把勉"念经求火神保佑外，还表现在对火塘的崇敬上。花瑶认为火塘是火神的所在，平时不许往火塘吐口水，不许用脚跨过火塘，更不许踩火塘中的三脚架，否则认为是对火神不敬，会带来灾难。火塘里的火种不管白天黑夜都要保留，不能熄灭。认为有火神守护，邪魔才不敢入侵。

花瑶认为物皆有灵，古树崇拜也是很有特色的。他们以树为神，如果有小孩出生，就到村头栽一棵小树，要是小孩子多病多灾，即俗称的"不好养"，就到林子里认一棵树作干爹，逢年过节就去祭祀，说是可以消灾解难、逢凶化吉。因而在他们居住的山寨里古树林立，在雪峰山深处，"有古树的地方就有花瑶人家"。一棵棵古树枝繁叶茂，苍翠欲滴，满林子雀飞莺啼，木屋掩映其间，是雪峰山花瑶村寨的一大景观。寨中老人去世后，就在古树下挖一个墓穴，用白布裹好直接埋下去，既不用棺椁，也不起坟堆，不立墓碑，只是在树上做个记号。后人要祭拜，去古树前磕头。花瑶人祖祖辈辈都与古树相依为命，他们对树木格外虔诚，一代一代，谁都不会贸然去伤害它们，即便是树木枯朽倒地，也不拖回家使用，而是让其自生自灭、还原于土。现在随着生活水平的提高和科学技术的普及，人们的思想观念不断进步，宗教迷信观念逐步淡化，对花瑶年轻一代的影响越来越小。

瑶族节日活动较多。大节有"春节"、"端午节"（瑶语称"讨念拜"）、"讨僚皈"（其意是逃脱凶恶的鬼神）、"重阳节"。小节几乎每月皆有，但各地节日日期不尽相同。最隆重的节日是腊月二十八日过年（月大二十九日，月小二十八日），农历五月十五至十七日"讨念拜"，七月初二至初四日和七月初八至初十日两次"讨僚皈"。"讨念拜"和两次"讨僚皈"是两大传统节日，也是三次纪念性的盛大活动，统称"赶苗"，每次都有特定的时间和地点。每逢赶苗之期，花瑶群众都要提前准备，不论男女老少，一律身着节日盛装赴会。现场万众云集，花团锦簇，或访亲会友，或购物采买，或对歌抒情，到处是一片欢乐的海洋。

四、淳朴的山地文艺

花瑶有自己的民族语言，但没有文字。他们在漫长的生产生活实践中，在与统治者的抗争中，创造了丰富多彩的民族文化，文学艺术风格独具特色，故事、歌谣、谜语、谚语等，形式多样；平时也拉二胡，吹唢呐，呜哇山歌配锣鼓，所用乐器都比较简单，一些简单的乐器是他们自己动手就能制作的。这些文艺活动简单、活泼、热闹，雅俗共赏，老少皆宜，不受场地限制，人人都可参与，具有鲜明的山地民间文艺特色，把雪峰山区的原生态文艺形式较为完整地保存了下来。如《五郎与姬姬》《爹十七儿十八》《半郎半崽》《南山小妹》《七姊妹》等神话传说内容丰富，想象奇特，可称是神话传说宝库中的珍贵财富，还流传有许多反映现实斗争、生活的故事，如反抗封建王朝统治、歌颂民族英雄的故事，赞扬勤劳、鞭挞懒汉的故事，颂扬婚姻爱情的故事。

歌谣是瑶族人民抒情的主要口头文学形式。历史歌、爱情歌、生产歌、诉苦歌、敬酒歌等各种形式的歌谣无一不有。瑶族男女老少都喜欢"夜讪"即唱瑶歌。每逢节日、婚嫁寿庆都要"摆歌堂"。民间歌手们善于即兴发挥，随编随唱。男女聚集，歌情触发，一唱一和，通宵达旦，甚至几天几夜。在瑶寨里，许多歌手见什么唱什么，想唱什么就唱什么，临场发挥游刃有余，四言八句，有腔有调，使人不能不相信他们都有唱山歌的天赋。

花瑶能歌善舞，节庆活动中少不了舞蹈。舞蹈有龙灯舞、狮子舞、花灯舞、秧歌舞，群众喜闻乐见。乐器有锣、鼓、钹、唢呐、笛、胡琴。有的地方一到年关就敲锣击鼓催年。花瑶舞蹈常结合巫术在较大规模的宗教活动中使用。巫师"把勉"在为少年举行度戒（帮派）时，要接连两晚一天跳一种步伐简单、粗犷的舞蹈。

花瑶呜哇山歌被称作"民歌中的绝唱"，是花瑶群众农事活动中管工、助阵的号子歌，流传已有一千多年。他们在从事挖土、锄草、莳田等农活时，以换工的形式互帮互助，每天安排一个师傅，背着锣鼓站在前面，边打边唱，如果哪个想偷懒，师傅会来到他的面前，猛打几声。干活者也边劳动边唱歌。山歌高亢嘹亮，震彻山谷，鼓劲助兴，干活不觉得累。呜哇山歌也有情歌，花瑶男女们在山间劳作或是闲暇时会以对歌的方式进行交流，歌词可以即兴发挥，看到什么唱什么，想到什么唱什么，只要能够把自己的情感表达出来就行。如果男女想恋爱，就到树林子里对歌，听得到歌声，看不到人，直到两人慢慢对出意思，才各自从林子里走出来，慢慢唱，一直对唱着走到了一起。

花瑶医药文化也值得一提。花瑶生活在雪峰山中，在相当长的时期里几乎与世隔绝，面对疾病，只能自己想办法，就地取材。广阔的雪峰山区，生物资源极为丰富，是一个巨大的中药材宝库，为花瑶采药治病提供了便利。他们在跟疾病作斗争的过程中，认识了各种草木的属性，掌握了以草药治病的本领，积累了丰富的经验，流传下来的土方子、小验方很多。花瑶善医识药的人较多，大多数都懂用草药治病的常识，其中不乏医术高明者。他们用草药治疗毒虫、蛇咬伤，跌打刀伤，风湿瘫痪，无名肿毒等疾病，还能用针灸、火灸、按摩、刮痧、拔罐等多种疗法。古籍早就有瑶人"善识草药，取以疗人疾，辄效"的记载。花瑶医药是中医药宝库的重要组成部分，至今还流传在溆浦乡村，县城也时常可见花瑶医生摆摊售药行医的身影。

新中国成立后，瑶山发生翻天覆地的变化，花瑶人民受压迫、歧视的历史，一去不复返了，过上了扬眉吐气的幸福日子，积极参与社会主义建设事业，建设自己的美丽家园。他们的传统风俗习惯得到尊重，花瑶文化得到保护，花瑶的家园越来越美丽富裕。特别是党的十一届三中全会以来，党和人民政府十分重视散居少数民族的平等权利，往日落后的瑶山，今日呈现一派欣欣向荣的新景象，花瑶人民居住的乡村都通了公路，通了电，用上了自来水，家家有电视、手机，教育、医疗、体育等公共事业迅速发展。花瑶群众走出雪峰山，走进大都市，勇闯大世界，与全国各族人民共同创造幸福美好的新生活，共同为实现中华民族伟大复兴而奋斗。花瑶及其神秘独特的文化、习俗逐渐为世人所知，成为大雪峰山巅一颗璀璨的明珠。

对山歌

第三章　穿着的花瑶历史

一、独特的花瑶服饰

　　我国各少数民族的服饰都有自己的特色和历史。民族服饰既体现了本民族人民的聪明智慧，也蕴含着丰富的历史文化。花瑶也是如此，他们的男女服饰独具特色，款式多样。民国版《溆浦县志》对花瑶服饰也有记载："男子今皆剃发，杂以小花带织成辫，更用大花带裹之。衣无大襟，自胸以下另作搭包掩护。跣足，两胫缠花布，间着红縢草履。女子穿耳，重环，发从中分，用花带作两辫垂额左右，妇人加髻于前，衣服较男子略长，斜领直下，绣花为饰。老少皆跣足，冬夏皆单衣，故常伛偻行风雪中。与夏人杂居者，则服食居处多与民同。"据此描述，与今天的服装已有差异，这说明花瑶服饰是在不断发展变化的，但也可见当年花瑶的生活水平极为低下，服饰显得简单朴素一些，而且"老少皆跣足，冬夏皆单衣，故常伛偻行风雪中。"

　　花瑶男子穿着多为深色，妆饰也不多，头绾粗布长青巾或花格粗布长巾，上身穿青、蓝长衫或短衫，腰系青布腰带，下身着青、蓝裤，小腿打青布绑带，鞋袜皆青色。男子负责耕种捕猎，这一身装束最适合在深山老林间行走劳作，是他们在千百年的生产生活实践中探索出来的。《溆浦县志》记载："有田产者极少，皆以开土种包谷为本业。平素习于山险，极捷便，秋收后卖薪自给。围猎其长技也，獐、麂、狐、兔、山獾、野豕，出必有获"。他们生活在崇山峻岭之上，环境异常恶劣，不仅有风霜雨雪，还有豺狼虎豹，不仅要从事繁重

传艺

的生产劳动，还要时刻警觉保护族人的安全。花瑶男子从小就要接受生产劳动锻炼和艰苦环境的考验，吃得苦，耐得烦，霸得蛮，练就了一身铜筋铁骨，翻山越岭健步如飞。从头巾到鞋袜，都是最便捷的紧身装束，又可以很好地保护身体特别是头部。还需要指出的是，花瑶男子并非常年穿鞋袜，而是经常打赤脚（《溆浦县志》记载"老少皆跣足"），有时候穿草鞋（《溆浦县志》记载"红縢草履"），练就了一双铁脚板，脚上（还有手上）结了厚厚的一层老茧，刺都难以扎进去。只有在霜雪天气，他们才穿鞋袜。在旧社会，鞋袜对于他们来说可算是奢侈品了。在北斗溪镇黄田等地，花瑶男子还保留着有限的传统服装，仅见方格头巾、襟边绣花的青布背心等数件，备而不用，没人穿戴了。现今的花瑶男子，在日常穿着方面与汉族已没什么区别，不像花瑶妇女那样还保存了本民族的特色服饰。

花瑶服饰最具特色的是妇女服饰，具有非常鲜明、独特的民族风格，这也是他们合族被称为"花瑶"的主要原因。花瑶妇女的服饰因年龄不同而稍有区别，年轻姑娘的服饰最漂亮，头缩着各色毛线或丝线（主要是红、黄色）缀成的结发带和大包头巾，直径一般40~50厘米，厚7厘米左右。头巾由一块3米多长、30厘米多宽的黑白方格土纱布做成，两头用红、黄、蓝（或绿）三色毛线或丝线挑绣成各式各样精美的几何图形，挂着各种丝线球、亮珠和各色毛线或丝线彩须。但这个大包头缩起来太费时，太笨重，增加了头部负担。姑娘的外衣为蓝色长衫，分为四摆，还套上绣着各种花边的背带衣。腰带由多色花布拼接而成，呈圆筒形，长达9米，捆腰时自小腹起，一直缠至腰边。

花裙尤为漂亮，裙长过小腿，用黑色粗土布为料，前面用红、黄、蓝（或绿）三色毛线或丝线挑绣多种小型几何图形，排列整齐且对称，色彩鲜艳，后两面用白纱线在黑色土布上挑有各种飞禽走兽，构思巧妙，造型生动。她们小腿缠裹绣有花边的绑腿，脚上穿着绣花鞋。整套服饰色彩鲜艳，层次分明，对比强烈，再配上金银首饰，更显得耀眼夺目，光彩照人。特别是在以绿色为主的大山里，更是分外醒目。逢婚嫁寿庆和盛大节日，年轻姑娘都要盛装打扮，绾着两端绣有图案、挂有各色丝线和彩球的头巾；上身穿的外衣一般是浅蓝、浅绿色，无领缀红边对襟长褂；腰系各种细花布结成的约60厘米长的圆筒腰带；下身穿着手工绣的精致花裙；双腿各缠上宽20厘米、长3米多、绣有花边的白布裹腿绑带；脚穿的鞋袜均绣有各种花纹。花瑶妇女不但喜着花服，而且喜欢在头部、颈部、胸部、手腕处佩戴多种银饰、串珠，如耳环、项链、银牌、手镯等，走起路来叮当作响。

中老年花瑶妇女的服饰基本上与年轻姑娘的一样，只是色彩略黯淡，着装简便，包头也比年轻姑娘的略小一些。

花瑶因世代隐居在深山老林之中，与外界交往很少，过着自劳自食的生活，生产生活所需物品基本上靠自己解决，其服饰皆为自己制作。布料、彩纱是自己纺织或者购买的土布棉纱，染色也是自己动手。她们有祖传的土法子，用山中容易获取的原材料制作染料，再精心染成色彩艳丽的布料、彩纱，用于刺绣、挑花。过去，她们一般只染出红、黄、黑三色。现在条件不同了，布料和纱都可以从市场上买到。

挑花、刺绣是花瑶妇女的传统手工艺术，是每个人都必须掌握的一门基本功。这一基本功对于花瑶女子来说太重要了，是她们聪明才智、身价地位的体现，关乎她们一生的事业和命运。花瑶一族以挑花水平的高低来衡量一个女子的才智，不会挑花的女子很难找到婆家，因而挑花手艺在她们的心目中格外重要。因为这一基本功是如此重要，所以她们几乎是一生都在忙于刺绣、挑花。正是世世代代花瑶妇女用心血和汗水、睿智和勤奋，把这一手艺做成了精湛的艺术，才使挑花产品成为精美的艺术品，成为当之无愧的国宝。

身为人母的花瑶妇女，一个最重要的任务便是把自己的刺绣、挑花技艺毫无保留地传授给女儿，让女儿成为刺绣、挑花能手。如果女儿的挑花手艺没学好，那么母亲就没有尽到职责。花瑶女子长到五六岁，便在母亲的指点下开始学习挑花、刺绣，到十四五岁，手艺已经学成，就要开始为自己准备嫁妆了。到她结婚之日，能够拿出一套精美的嫁妆，那是最为光彩的事。

现在能够见到的花瑶挑花作品，有许许多多的样式、图案，可以归纳为多个类型。这些样式、图案，是一代代传下来的，基本是固定的，有些已经成为著名的作品，如《先王升殿》《龙凤呈祥》《老鼠娶亲》等。俗话说，"姐姐做鞋，妹妹学样"，做鞋都得有个"鞋样"，但花瑶女子在实际操作时是没有图样的，也不在布上画图打稿，她们只是在心里勾画好图样，然后凭自己的心灵手巧，顺着布面的经线、纬线，一针一针地挑。所以，制作一套服装一般都要花上半年、一年或更长的时间。为了挑花，花瑶妇女见缝插针，把闲暇利用起来。她们腰间总是捆着一个小包，里面装着针线和布，有空坐下来便飞针走线。不管是做家务的余闲还是干农活的间隙，不管是在家里劳作还是外出走亲访友，她们走到哪里挑到哪里，什么时候有空什么时候挑，单独一人可以挑，成群结伙也可以挑。吊脚楼前，溪边石上，古树林里，田间地头，三五成群的花瑶妇女心无旁骛地挑花的场景，已经成为雪峰山花瑶景区一道亮丽风景，常常引得游人们驻足观赏。

二、穿着的历史与神话

花瑶妇女的服饰，记录的是花瑶的信仰、追求和全部历史。头绾着的大包头巾，象征日、月、星辰，大盘是金光闪闪的太阳，中间头戴的地方是月亮，月亮周围的饰物是星辰，以"取其明也"。裙子前两摆缀成八对红、黄色的粗条纹分别代表黄河、长江。黄河、

花样繁多的挑花作品

挑花作品图案

长江四边代表平原，平原中的小图案象征着山川、田园、城市。裙后两摆外面是飞禽走兽，树木花草。里子内的横线条象征着长江、黄河水面上的微波。腰间缠绕的腰带象征着黄河和长江水一起一伏的滚滚波涛。上装的蓝色，裙底制红边、并点缀象征着黄瓜叶和白瓜叶的颜色。一身服饰，已囊括了天文地理，真可谓气象万千。日、月、星辰、江、河，既是花瑶所崇拜的，又象征着他们的祖先在大河上下、长江南北的迁徙史；而有些挑花图案，又直接取材于历史故事或神话传说。因而，人们说花瑶挑花是穿着的历史与神话。

花瑶挑花主要应用在花瑶女子的日常生活服饰中，其形成与发展，与花瑶民族的发展史紧密相连，与中华民族悠久的物质文化史紧密相连，时代的兴衰使它经历了艰难的历史发展过程。它在满足花瑶人民的生活与审美需求过程中，经过历代花瑶女子的不断探索和创新、不断丰富和完善，逐步形成了相对完整的技艺体系。《搜神记》所说"织绩木皮，染以草实，好五色衣服，裁制皆有尾形"，都是瑶族先民服饰的大致情形。从披树叶裹兽皮的原始状态，进入利用原始工具和自然材料制作服饰的阶段，"积绩木皮，染以草实，好五色衣服"，不仅用以御寒防晒、防御毒虫猛兽，而且开始有意识地打扮自身，讲究"美观"了。这些至少可以证明，瑶族服饰的起源是很久远的，与其他兄弟民族不相上下。另一方面，生活在深山老林里的瑶族先民，喜欢穿"五色衣服"，也可能与族人之间相互辨认识别有关。在原始的荒郊野外，相互联络、辨认是比较困难的，而穿着色彩鲜明的衣服，远远就可以看到。

此后，瑶族服饰随着社会的发展进步，在生产生活实践中不断发展变化，瑶族祖先崇尚自然追求美的情趣，成为传统被传承下来了。《隋书·地理志》记载："承盘瓠之后，故服章多以班布为饰"。唐代魏徵在《隋书》中记载："长沙郡杂有夷蜒，名曰莫瑶"，"其女子蓝布衫，斑布裙，通无鞋履。"宋代马端临《文献通考》中描述瑶人"织绩木皮，染以草实，好五色衣服"，"衣刺绣，亦古雅"。宋代范成大《桂海虞衡志》记载瑶人"衣斑斓布褐"。宋代洪迈《容斋随笔》卷十六："靖州之地，……酋官入郭，则加冠巾，余皆椎髻，能者则以白练缠之"，"妇人徒跣，不识鞋履，以银、

有空就挑

锡或竹为钗，其长尺有咫。通以班细布为之裳"。并说"荆湖南、北路如武冈、桂阳之属徭民，大略如此"。

　　《五溪蛮图志》有关于苗、瑶"衣服斑斓"的记载："先以楮木皮为之布，今皆用丝、麻染成五色，织花绸、花布裁制。服之上衫，皆直领。下裙，团转细襞褶，倒折其半。蛮俗云：'盘瓠死，浮于江。

少女揭裙涉水邀之。子孙因以为记。'其妇女皆插排钗，状如纱帽展翅。富者以银为之，贫者以木为之。又以青白珠为串，结悬于颈上。或绸或布一幅，饰胸前垂下。俗曰'包肚'。未嫁，下际尖；已嫁，下际齐。"（《五溪蛮图志·五溪风土》）该书后来的整理者已认识到，"其服饰之进步，今无论苗、仡，察其男子之凡与汉族接居较近者，已多与汉民同"。一个民族的服饰，总是随着社会发展进步而不断演进变化的。所以我们今天去查看古籍关于瑶族服饰的记载，会发现在许多方面已经大不相同了。当然，尽管民族服饰在发展变化，但是其所具有的本民族特色、风格以及其审美观会承袭下来，这其中或许就传承着本民族的文化基因。

瑶族一族之内，因为生活生产习俗、活动地域等各种因素的区别，分成许多支系。在历代溆浦县志中，就有"箭竿瑶""板凳瑶""花裤瑶""七姓瑶"等称呼，这些称呼不一定很准确，只是人们针对瑶民某一方面的特点形成的称呼，但也反映出瑶族人口众多，分布较广，各地或各支系的瑶民在某些方面各有特点，与同族的其他支系是有所区别的，习俗不尽相同。因而花瑶作为瑶族之一支，起始于何时，现在尚无确论，而其服饰从何时开始形成和定型，也还有待考察。《湖南瑶族百年》载："明洪武元年（1368年），花瑶从洪江迁往龙潭定居隆回后，一天，花瑶姑娘在岩壁上玩耍，突然发现岩壁上丛生绿色花朵，十分漂亮，她们便模仿挑刺成挑花服饰。"这就是流传至今的花瑶挑花基本图案《杯干约》。此时，花瑶挑花制作水平和技法已日益成熟，能以简练生动的手法，表现出复杂的自然形象和抽象的人类思维理念，且不用描图设计和模具绣架。此后的数百年间，花瑶挑花艺术随着人类社会的发展进步还在不断向前发展。

新中国成立后，花瑶人民翻身做了主人，在中华民族大家庭里，与兄弟民族一道团结奋进。花瑶女子用挑花艺术表达对新社会、新生活的热爱，发挥自己心灵手巧的特长，不断创新，花样百出，其服饰发生了很多变化，其作品更加精巧美观，更实用。"文革"时期，花瑶服饰差点被当作"四旧"破除，花瑶女子改穿汉装，挑花艺术一度受到制约。改革开放后，花瑶人民勤奋劳动，脱贫致富，生产生活条件、居住环境大为改观，与全国人民一道迈入小康社会。昔日"藏在深山人不识"的花瑶，登上了省内外乃至世界大舞台，独特的挑花服饰和民风民俗、传统文化引起了社会各界的广泛关注，花瑶挑花被公布为国家级非物质文化遗产，得到高度重视、大力保护和传承，从此进入了崭新的发展阶段。

三、如火的色彩之美

花瑶妇女的服饰独具一格，鲜艳漂亮，图案别致，工艺精细，糅合了人工之美与自然之美。挑花布以藏青色或黑色为主，红、黄、白皆用。具体根据挑花位置的不同和夏冬装的不同，布的颜色也有差异。从花瑶挑花的图形与图案来看，挑花颜色以红、黄色为主调，以蓝、绿、白等色辅之。挑花服饰的色彩，自成一个个性张扬而又和谐完美的色彩体系，用亮丽夺目的色彩来诠释对美的理解与感受，是充分展示自己独特魅力与引起异性注意力的最好表达。红、黄主色调在花瑶挑花色彩中非常突出，是花瑶最为喜欢、崇尚的颜色，这不是偶然的。

红色是火焰的颜色，有人称花瑶服饰是"燃烧着的色彩之美"。传宗接代的香火，"刀耕火种"的山火，取暖照明的篝火，做饭烧水的炉火，都是日常生产生活中不可或缺的，是他们赖以繁衍生息的力量源泉，又象征着日子红红火火。花瑶对火的崇拜，突出表现在对火塘（家中堂屋里火炉塘）的崇敬上。认为火塘是火神的所在，不许往火塘吐口水，不许用脚跨过火塘，不许踩火塘中的三脚架，

小女孩学穿戴

否则认为是对火神不敬，会带来灾难。火塘里的火种不管白天黑夜都不能熄灭。认为有火神守护，邪魔才不敢入侵。在花瑶习俗中，红色还代表着阳光、吉祥、热烈、奔放、激情，充满活力和动力，象征着阳光灿烂，热烈兴旺。有的学者指出，花瑶的服饰，形象地记述了原始社会花瑶先民学会用火、战胜大自然，一步一步从动物界中分离出来的历史。这种推测并非无稽之谈。学会生火用火、保存火种是原始人类的一大进步。或许在那个遥远的年代，生火用火、保管火种，是一个部族里最重要、最神圣的事，体现着权威，而处于母系社会时期，那就是妇女的职责。进入父系社会以后，男女职责分工渐渐固化，炊煮食物、生火取暖等家务，落在妇女身上，生火用火、保管火种仍然是她们的职责。花瑶妇女把这份职责与荣耀记录在自己的服饰上，也是可以理解的。

花瑶人喜欢黄色，因为黄色代表土地，"土能生万物，地可发千祥"，在农耕文明中，土地是最重要的生产资料，土地是农民世世代代安身立命的根本。黄色又是金秋的颜色，金黄色的稻谷、玉米等粮食及林木果实，是大地的馈赠，是丰收的喜悦，是他们年复一年的希望。喜爱黄色，是花瑶祖先崇拜土地的传统的再现。还有学者指出，花瑶有崇拜土地和谷物的传统习俗。花瑶人认为，一年收成的好坏取决于山林、土地等神祇，祭祀职司农耕的神祇包括土地神、山神，在族中已形成了一套比较完整的仪式，各个村落都有专门负责农业占卜的巫师"把勉"和主持农业祀祭的头人"把总"。每年的农事活动，从砍伐山林，烧地播种，到锄草护苗，最后收割入仓，都有一套祭祀仪式。对土地和谷物的崇拜，体现在服饰的色彩中，也就不足为奇了。

色彩美体现了花瑶出于自然、超乎自然的审美理念。以红、黄为主色的服饰，在翠绿的林海里格外醒目，成为大自然最美的图画。

花瑶世世代代生活在高山区，深深地融入了自己生活的环境之中。顽强坚韧的性格决定了他们希望做大自然的主人，融于自然而又高于自然，取材于自然而又超出了自然。花瑶服装以色彩鲜明的红、黄为主色调，就像是崇山峻岭间的火把，使静谧千古的深山老林灵动起来，张扬着生命的活力。直到如今，穿着民族服饰的花瑶妇女在庭院地坪、山间路上的身影，仍然是雪峰山里最美的画面。花瑶妇女有一种与生俱来的美学眼光与思维模式，或者对挑花艺术的神悟已经融入她们的基因。她们对服饰色彩的选用格外用心，讲究常服色彩的巧妙搭配，无所不用其极。无论是夏服，还是冬服，都讲究强烈的色彩对比。鲜艳的色彩反映花瑶热情爽朗、勤劳不屈的民族特性，展示花瑶旺盛的精神面貌和美丽动人的服饰。

挑花帽里乾坤大

四、服饰上的图腾崇拜

　　花瑶人对变幻莫测的自然界保持着虔诚的敬畏，宗教习俗上属于自然崇拜，即崇拜自然现象和自然力，相信万物有灵。自然崇拜是民族曾盛行的古老宗教信仰形式。自然崇拜之所以产生，是由于原始人类用同自身类比的办法去认识自然现象。处在原始阶段的人类，由于生产力水平十分低下，科学知识十分贫乏，无法认识和理解各种自然现象和自然力量的奥秘。当他们与自然现象发生密切关系而又非自己所能够理解与控制时，便产生恐惧心理，盲目地认为自然界是某种有意志、有情欲的存在，只能向它祈求好运。花瑶生活在高寒山区，对大自然神奇怪异一面的见闻很多，在他们眼里，一草一木都像是具有某种不可捉摸的力量，不能不保持敬畏。这种原始宗教式的图腾崇拜，浸入生产生活的方方面面，自然也会体现

《双蛇图》

在他们的服饰上。

前面已经说过，黄瓜对花瑶有救命之恩，成为他们崇拜的图腾。他们认为万物都有魂魄（灵魂），例如禾有禾魂，禾魂与人类一样有意志和欲情。传说有一年白露节，正是禾开花的时候，有个老人到地里劳动，看见一群山猪在田里交配。结果老人回家后不久就病死。人们认为山猪是禾魂变的，它们结婚的时候，被老头子看见，因此发怒降灾，从此以后，凡白露节谷子开花的时候，人们都不敢到地里劳动。花瑶自然崇拜的对象，主要是那些与"刀耕火种"农业、采集和狩猎有关的自然物，如山林、土地、谷物、雨水、河流、火、鸟兽、鱼等，也有取自历史传说、神话以及想象的事物图形，如龙、凤、太阳神鸟等。这些崇拜对象体现在挑花上，形成了千姿百态的构图和主题图案。有的学者认为，挑花图案，如蛇、鱼、鸟、树等动植物图案，还体现了花瑶人的生殖崇拜，也是有道理的。六鸟连环、双凤朝阳、比翼双飞、交体蛇、蛇缠蛇、无尾双头蛇、双蛇戏珠等吉祥图案，既体现了花瑶对生殖的崇拜，也饱含着对爱的祝福。

正因为信奉万物有灵，对万事万物保持崇拜之心，所以，花瑶妇女在挑花的时候，将自己心目中构思的对象（图像），当作有灵魂的存在来刺绣、描绘，心理上不敢轻慢，工艺上求其神似，把真诚的崇拜融入作品之中。

五、挑花服饰的种类

挑花服饰种类很多，按照着装时令与场合的不同，花瑶女子服饰分秋装（也称常服）、夏装、盛装（又名新娘装）等。其中秋装、夏装、盛装的区别主要在于上衣，筒裙是一样的。区别在于，秋装的上衣为天蓝、湖蓝色无领对襟长袖长衫；夏装上衣为白色无领对

《双蛇比势》

花瑶姑娘胸前佩戴的银饰

襟短衫；盛装上衣为内层白色短衫，外层绿色隐花无领长袖长衫，再套黑色红花边马夹。盛装只有在婚嫁寿庆的场合才穿，婚礼中，新娘、伴娘以及送亲的人，流行着盛装。盛装打扮的花瑶姑娘们娇艳如花，还要佩戴多种银饰、串珠、耳环、项链、银牌、手镯等，走起路来叮当作响，宛如仙子下凡。

与吉服相区别，孝服的色彩较为黯淡、沉重，意在体现心情之沉痛，与丧事场合的气氛一致。上衣为天蓝、湖蓝色，筒裙前摆"固补"挑白花，腰带、绑腿、袖口、包头多为粉红等素色，不得有大红等艳色。覆盖在棺材上的挑花图案，也是特制的。挑花作品《鸾凤低鸣》就是孝服筒裙，以白布黑纱绣制。图中凤鸟低头哀鸣，含苞待放的月季花与人形寿字串联搭配，上层驮着人疾走的马，边走边嘶鸣，呈现一片庄严肃穆气象，表达了生者对逝者的无限哀挽之情。可见，花瑶挑花的色彩，在情感、礼仪方面是十分讲究的，花瑶妇女非常巧妙地运用服饰挑花的色彩，充分展示花瑶的心灵情感和精神寄托，显示了对喜怒哀乐、悲欢离合的真挚表达。

花瑶妇女根据自己的身材花费大量功夫来制作一整套服饰，由头盘、上衣、筒裙、腰带、绑腿等组成，一件不能少，并因季节和着装场合不同而稍有区别。

（一）头盘

瑶语为"派勒典"。用红、黄两种颜色的纱线编织的长约百米的彩带缠绕而成，缠得越大越亮丽，呈反斗笠状，上大下小。传统的头盘是没有其他任何辅助支撑物的，缠头盘很麻烦，需要一定的技巧，甚至需要母亲或姐妹们的帮忙，缠好一个标准的包头差不多要花 1 小时。但是这种头盘很容易松动散落。1993 年，花瑶女子奉雪妹将花纹彩带缝合在用竹篾编织的斗笠骨架上，外沿系上缨须、银铃等吊坠，五彩缤纷，艳丽无比的现代斗笠头盘就做成了。这头盘就是一个倒置的彩色斗笠，不仅比传统的头盘又大又轻巧好看，

挑花帽

　　而且可以随戴随取，十分方便，很受花瑶女子们的青睐。

　　缠绕头盘的彩带瑶语叫"勒典"，编织"勒典"是花瑶女子的拿手绝活，现在会这种技艺的人已越来越少。在竹板上钻17个小孔，上边9个，下边8个，上孔与下孔斜交叉，分别用17根五彩纱线穿过小孔，拴在腰和大脚趾间。17根彩线上拴一套提闸，然后弹动提闸，用双线左右穿梭自由编织出不同的花纹彩带。

　　头盘是区分花瑶女子是否成年的标识。以前，未成年的女孩是没有头盘的，只有等学会挑制裙子，学会编织头盘彩带后，才会缠头盘。过去，花瑶女子新婚时，在彩色的编织带外要覆头巾，头巾为青白色交织的方格布，两端得刺绣彩花，并系以缨须、金铃之类装饰品，此头巾称作"笑童"，只用一次，可传于后人。现在，母亲们为了满足未成年小女孩们的爱美之心，也采用3米长的方格布，一端用彩色纱线挑上精美图案，再将布折叠成宽约10厘米的的条形，一层层缠绕成圆盘缝合，挑花的一端在外边围绕一圈，并在下沿系上五彩吊坠，甚是漂亮的小女孩头盘就做成了。

　　花瑶妇女对头盘非常讲究，漂亮的头盘更能衬托花瑶女性的容颜，尤其突出其脸部的红润光泽。花瑶女性特别注重头盘，认为头盘缠得越大越漂亮，盘得越高越高贵。在婚嫁或庆典时，缠一个标准的漂亮的头盘，往往需要母

3米多长的老包头布巾

田间地头

亲或姐妹们的帮助。据考察研究，瑶族多以女性独特的头盘头饰来显示自己支系的特色，作为区别不同支系的标志，如"寨瑶""顶板瑶""箭杆瑶""尖头瑶"等，头盘或头饰明显不同，一望而知对方是哪一支系。

（二）上衣

上衣有无领对襟长袖长衫、无领对襟长袖短衫。

无领对襟长袖长衫是花瑶女子的主要上衣款式，圆形领口，长至膝盖以下，腰部以下共分四片，左右各两片。无领对襟长袖长衫有两种款式。

一种是秋装款式，不管什么季节都可以穿。面料多为单层天蓝色(年长者)、湖蓝色(年轻者)棉布。圆形领口、襟边均滚红边，从领口至腹部配上三组红色布纽扣，上面两组为双纽扣，第三组为单纽扣。穿时前边两片衣服左右交叉捆扎系住，后两片左右翻系于腰带上，既便于劳作，又可展示筒裙挑花的魅力。

互教互学

　　另外一种是盛装款式。其结构与秋装基本一致，但面料不同，由白、红、绿三色绸缎做成。家境一般的将里层白色、红色面料改为棉质的。过去，花瑶女子会在外层绿色绸缎上衣挑花凸显美丽，后来绸缎上印有机绣图案就不用再挑花了。盛装只用于两种情况：一是新娘出嫁时，新娘、伴娘和送亲的人才穿；二是花瑶女子去世时作入殓装。

　　无领对襟长袖短衫一般为白色，以前面料为棉料家织布，现在为镂花布，长至腰部，对襟不滚边，配三组白色布纽扣，可做内衣、外衣穿。袖口均配有精美挑花。

　　（三）马夹

　　瑶语"袄背搭"。是无袖无领的黑色滚红边对襟上衣，对襟衣襟边及袖口配挑花边。红色布纽扣三组，有的上面两组三对，第三组单纽扣，有的上面一组两对，下面两组三对。马夹作为女装只在着盛装时搭配穿。

　　（四）筒裙

　　由六部分组成：两片五彩前片（瑶语"固补"）、两片挑花裙片、白色裙头布一块、红色裙底边一条。两片挑满素色花的对称方形裙片拼接成为筒裙的主体裙片，裙下摆用宽约5厘米的红色布条饰边，裙两端各连接一片五彩"固补"。为了便于围系筒裙，最后在筒裙上端连接一块长约120厘米、宽约30厘米的白色粗布。

　　筒裙是花瑶挑花的精华所在，前面的"固补"用五彩丝线、毛线挑制几何图案，色彩艳丽醒目。筒裙主体挑花裙片用藏青色粗纱土布（现在为尼龙布）制成，用白色纱线挑制千姿百态的挑花图案。与"固补"搭配后，一艳一素，美妙天然。

　　（五）其他服饰

　　腰带。瑶语"勒挡"。传统腰带一般采用白色粗布，用红、黄等亮色在两端挑花，长3~10米，甚至更长，宽6~10厘米。现代改

多彩男士上装

新年装上衣

筒裙图案

"勒挡"（腰带）

腰带上的饰品

绑腿

良的腰带多用机绣花带制作成一条长 60~100 厘米，宽 6~10 厘米的整块腰带，围系格外方便。也有因个人喜好织得更长更宽的。

绑腿。采用白色粗布，衬上黑、红、黄色挑花边，由脚踝绑至膝弯。绑腿可以走路提劲，进山防虫咬，冬天防寒冷。1994 年改良后的绑腿为梯形套筒和粘贴式两种，上边 42 厘米左右，下边 39 厘米左右，根据腿大小定。

挂饰。挂在身上的装饰性小物件。花瑶女子着盛装时，腰间配上六片五彩挑花挂饰。挂饰的规格，一般高 20 厘米，宽 10 厘米，下端坠以长度齐裙边的若干组五彩纱线。也有将六片拼成两组的，每三片为一组。

布鞋。花瑶女子有一双特制的绣花布鞋，鞋底为糯糊千层布底，鞋面以红布为主，鞋面与鞋底之间，鞋面与鞋口红色包边之间，镶以黑布隔开，红黑搭配，既稳重又耀眼。这双鞋，女主人一辈子只穿两次，一次是出嫁时穿着过门，到了男方家就脱下藏起。要等到去世时，再取出来，穿着入殓。现在，花瑶女子出嫁时不再穿这种绣花鞋，也就不再做这种绣花鞋了。但她们另外做了一种靴子状的布鞋，这种布鞋底白色，鞋面红色，鞋口镶黄布底，挑五彩花，鞋口前端连接鞋尖开合处配三组双排布扣。这种鞋很薄，不当鞋穿，而是当袜子穿的。

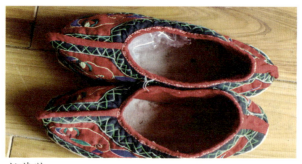

挑花鞋

第四章　花瑶挑花制作过程

花瑶挑花是一种纯手工工艺。在花瑶妇女灵巧的手中，寻常原材料，简易的工具，就变成了精美的作品。上乘的挑花作品，是需要缜密细致的工艺、充足的时间和精力来完成的，劳动过程漫长而又繁杂。与机绣、湘绣、苏绣等绣花工艺不同，无论是材料的选择还是制作工艺，抑或是艺术效果、表现特征，花瑶挑花都独具一格。花瑶挑花的制作过程一般可分成四个步骤：材料的选择、构图设计、挑花制作、缝合。

一、材料选择

花瑶挑花的材料主要是布和线，工具主要是绣花针。选料的关键在于选。根据将要制作的物件，选出合适的材料，是制作一幅精美挑花作品的前提。但是花瑶挑花所用材料极为简单，选料也不是难事。

（一）布料

布料是进行挑花最主要的材料，一般是购买或自己纺织，可以根据需要选布料，也可以根据布料设计制作。挑花工艺所要求的，一是布料的经纬。首先，挑花需要数纱，因而经纬清晰的布料，易于操作；其次，必须是直纹经纬线，不能用斜纹布。过去为纯棉布料直纹粗平土布，也叫家织布，色彩是用矿物质染料染成的。现在因为很难买到纯棉土布，改用化纤尼龙布。两者相比，纯棉布经纬不是很明显清晰，线也不太匀称，带毛，且容易掉色，挑花不是很顺手，有些吃力。而化纤尼龙布布面光滑，线均匀而粗大，经纬很明显，色泽亮而不掉色，反倒更适合挑花。二是布的颜色。过去，挑花所用的土布和纱线，是花瑶妇女自己染色的。她们采摘山里可以用作染料的植物，做成染料，或者买回染料，染出布和纱线。这些植物染料来自大自然，采集的季节、品种及其成品有一套严格的要求，制作起来也复杂。染色是花瑶挑花艺术中的一个重要环节，也是花瑶妇女必须掌握的技术，不能自己动手染布，就无法进行挑花。天然染料染色，成本很小，可以按照自己的需要进行染制，缺点是容易褪色，因而现在花瑶妇女很少采用了，只有少数年长的花瑶妇女还懂此技术。把土法染色的技术保存下去，还是有必要的。现在为了省事，更重要的是因为购买的彩色布、纱不会掉色，挑花材料都是买自市场了。花瑶挑花布以藏青色或黑色为主，红黄白皆用。具体根据挑花位置不同，布的颜色各异。筒裙"固补"一般用黄、红或白色布，后面两页为藏青色或黑色布，绑腿、袖口用白色布，腰带为黄、白或红色布，裙边用红布。衣服的春、秋装布为天蓝色，夏装白色，盛装绿色底隐花。老人去世后，挑花裙一般为白布，挑花用黑线、蓝线或玫红、粉红线，不能用大红线和红布。三是布的规格。花瑶挑花主要应用于女子服饰，也要量体裁衣，所需布料尺寸一般视人的高矮胖瘦而定。当然，还有背包、荷包和背小孩的背带等小物件，可以按需要确定。

筒裙布前面的"固补"一般高 50~60 厘米，宽 40 厘米，红边 5 厘米，后两页裙布一般高 50~60 厘米，宽 100 厘米。袖口白布一般长 33 厘米，宽有 9 厘米、7 厘米、4 厘米三种规格。头巾花格布一般长约 5 米，宽 40 厘米。老绑腿白布一般高 33 厘米，长约 3.9 米，过去挑制绑腿约半个月。现在改良后的绑腿挑花时间减少一半，一对绑腿挑 7 天左右，为梯形，一般上边 42 厘米左右，下边 39 厘米左右，根据腿大小定。传统腰带长 3~10 米，为五彩灯芯绒，其他薄点的布就多些节数。改装后的腰带长60~100厘米，宽6~10厘米，绣花布叠织而成。

（二）线

挑花用的彩线是最为讲究的，艺人们都要精心挑选。过去用土纱线和七色丝线，现在用各色毛线（平纱线），4股的拆开用，3股以下不拆开直接用。前裙一般用毛线、融合纱线，后裙一般用白尼龙线，也有毛线（平纱线）。

（三）针

针为小号绣花针，多为11号、12号、13号针。

绣花针是主要工具，是全过程都离不开的。除了针之外，还需要准备的辅助工具有织担板、硬板纸、棉花、五彩透明珠、剪刀、尺子、划粉、竹片等。织担板专用于织腰带，硬板纸和棉花用于制作帽子里面的垫物，五彩透明珠装饰帽子的边缘，竹片用于制作帽子的圆圈，剪刀、尺子、划粉以及缝纫机，均用于服装的裁剪。

挑花用的布料

挑花用的各色彩线

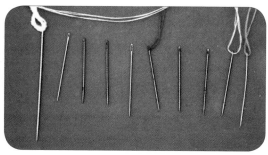

不同型号的挑花针

二、构图设计

构图就是对挑花图案设计的谋划与构思，是在实际操作之前必须先确定的底稿。这个底稿并不需要形诸笔墨，但是要心中有稿。花瑶挑花既不需要支架也不用事先画稿构图，一切都储存在花瑶女子灵巧的心中、手上，她们可以随时随地将眼中所见、心中所想，用一针一线在布上表达出来。在旧社会，花瑶妇女虽然不识字，但是与男子一样肩负生活重担，对生活环境里的一草一木都很熟悉，因而构图对于她们来说可以随心所欲，着手挑花的是个什么物件（目的物），她们在心里根据其大小尺寸、穿戴的部位、预期的色彩及效果等，迅速就有了腹稿，然后创作作品。丰富的生活和创作经验告诉她们，布局、造型、配色都有规律可循。

（一）图案布局

图案布局是指根据挑花目的物进行图案的构思设计和编排组合。花瑶挑花的图案布局方法在长期的实践中逐步成熟、定型，形成几种固定的技法，一般有以下几种。

一是对称平衡法。裙子主体是两片挑花对接而成，挑花均为单色，展开的时候就是一个平整的长方形，在长方形的两侧各对称地拼接一块上窄下宽的梯形前摆"固补"。"固补"通常为彩色几何纹样的挑花，整条裙子展开时呈等腰梯形，其形状与挑花图案均呈中轴线对称。筒裙后两片白色挑花图案相同、方向相反，拼接后形成对称形式。对称的动物图案看起来很有相向而行的动感。

二是平面分割法。传统花瑶挑花裙图案具有一定的程式化特征，裙子的主体部分一般由上、中、下三条平行横向图案组成，因为是分左右两片挑绣再对接的，所以每条横向图案是对称的。中间部分为主体，所占面积最大，挑绣的图案一般为两只或多只相对的动物、两个或多个相对的人物，或几组相对的大植物花纹，在空白的地方再填充其他图案。上、下面部分较窄，一般为二环延续图案，上面部分表现的题材多为花鸟飞禽，下面部分表现的题材多为树木走兽。这种分割形式从表面上看似乎就是平面构成的简单布局，其实不然。花瑶姑娘虽然没有接受过任何美术教育，但是她们从生活中感悟世界，不拘泥于客观形象与物理空间关系限制，强化主观能动性，凭知觉选择，按照某种意象特性来安排空间关系。

三是穿越集合法。花瑶挑花突破时空的限制，将不同时节、不同空间的事物组合在同一个场景中，而且可以透视到老虎肚子里的崽崽，这种看似天马行空的组合关系虽然从现实生活的角度来说，似乎不合常理，但是经过花瑶女子的巧妙整合，往往会形成合乎常情、充满意趣的生活画卷。在花瑶挑花图案中，常常会出现不同时节的瓜果花木，不同空间的禽鸟兽鱼，虚幻的龙凤麒麟与现实中的人物、事物组合在一起的全景式画面，真所谓包罗天上地下，穿越时光隧道，游离于空幻与现实之间，纵横驰骋、游刃有余。双虎是花瑶挑花最常见的传统图案，图案中有大小不一的多种动物，其中老虎最大最醒目，而小老虎、猪、小鸟等图案却几乎都是在焦点上力求其结构明确、线条清晰，小鸟的嘴巴、眼睛、羽毛都描绘得很清楚。

四是反复连续法。花瑶挑花中同一纹样往往重复有规律地出现在画面中，从而产生富有统一感、连续感的节奏美。特别是最上层和最下层的花边图案，是由一个单位纹样横向重复排列组合而成的，无论曲直都能给人带来强烈的心理反应和视觉享受。

五是填充补空法。花瑶挑花一般是先挑出主体物象，再视画面灵活填空补缺，最终使画面丰富美满。后面两片挑花裙是花瑶挑花的精华，一般挑制各种飞禽走兽，多为双龙抢宝、双蛇比势、双凤朝阳、双狮滚绣球、双虎示威、双马奋蹄、雄鸡报晓、喜鹊含梅、鲤鱼跳龙门、鸳鸯戏水、凤凰牡丹等。各种图案中间如有较大空隙时，即挑小花填满。小花常见的形式有：#字形、十字形、口字形、回字形、V字形、小圆点形、旋涡形等，以及铜钱纹、万字纹、如意纹、佛手纹、灯笼纹、菊花纹等吉祥纹样与植物纹样。

对称平衡法

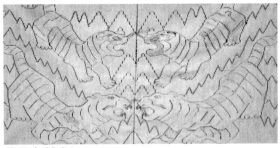

平面分割法

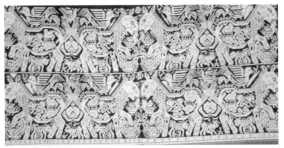

穿越集合法

反复连续法

填充补空法

（二）图案造型

花瑶挑花造型手法主要有三种。

一是简化法。将所见的复杂景象简单化，提炼概括成单纯简洁的图案，存其轮廓，略其细节，有如剪影，形成具有装饰意味的纹样，颇具视觉冲击力。

二是夸张法。夸张变形是花瑶挑花纹样造型的基本方法，往往将所描绘的对象变形到远远超乎自然规律和常理的地步，却又能具有耐人寻味和令人喜爱的意象效果。如打破人与动物、房屋、树木的比例等等。

三是几何法。把不规则的形状全部归纳成规整的几何图案是花瑶挑花的常规手法。一般来说，挑花裙的前摆"固补"花、边花、袖口花、衣襟花、盛装挂饰花等，基本上是小型几何图形，图案排列整齐对称。它的基本形式是几根平行长线并列，其中有在两根平行长线之间加横线而呈若干方格的，有折作"U"形的，有作单线或双线菱形的，有大方格套小方格而呈回字形的，有多根直线交叉呈网状的，等等。

（三）图案配色

花瑶挑花遵循以五色为正色的色彩观念和阴阳互补的色彩运用方法，大量运用红与绿、橙与蓝、黄与紫的补色对比以及黑白两色的明暗对比，色彩对比力度大，形成特有的民间色彩体系与鲜明热烈的色彩观念。挑花裙的前摆"固补"花、边花、袖口花、衣襟花、盛装挂饰花等，采用红、黄、蓝、绿多色毛线或丝线在白布或黄布、红布上挑花，色彩热烈而艳丽。后面两片挑花裙用白纱线在藏青色或黑色布上挑花，黑白分明，十分素雅。需要注意的是，孝服的挑花裙只能用黑线、蓝线或玫红、粉红线在白布上挑花，色彩比较灰淡。

三、挑花制作与缝合

挑花制作与缝合是四个步骤中最主要的阶段，即实际操作阶段，通过一针一线地挑花，把构图挑出在材料（布料）上，形成一幅挑花作品。花瑶挑花是依据底布的经线和纬线交叉形成的网格，用丝线、棉线或绒线，挑出图案的一种工艺手法。而挑花阶段的核心内容，就是挑花的针法。花瑶挑花的基本针法有十字针法、一字针法，即以布的经纬纱交叉呈"十"字形为坐标，对角插针呈"十"字形，或作"一"字形。挑花以"十"字形和"一"字形为基本单位，称为针脚，由这些最小单位连续起来，延伸开去而组成整齐美观的图案。需要说明的是，"十字针法"并不完全是"十"，更多的是"x"，因"x"与"十"很相似，所以大家习惯于将"x 针法"统称"十字针法"。"一字针法"也不都是按"一"字横挑的，还有"\""/"形斜走，"、"状直刺。

花瑶挑花针法以十字挑花为主，辅以一字挑花或挑织牵花，用密集的针脚平织成各种各样的纹样。针脚有大有小，依据底布经纬纱线的粗细，一个针脚可跨三纱、四纱或五纱，针脚越小，图案越精细。

十字花又名架子花，纹样靠绣"十"字相交连缀而成，与经纬线呈 45 度斜线挑花，形成正面纹饰，背面与经线形成平行的线，不能横竖交叉。为了耐看，除了组合好黑白块面的关系外，特别要注意在大块面之间互相衬托，采取"丢针现地"的方法挑花。如在青布上用白线挑花，实针就是白花，丢针后白块面中间又现出黑色线花纹，所以丢针就是黑花。"十字挑花"中这种处理叫"丢花"或"花包花"。"牵花"又叫"双面花"或"单针子折线花"，用针来回挑绣，由于下针、上针、顺针、逆针都一样，所挑出的纹样黑白相间不分里外，工细非常，常用于袖口、领口的边饰。

　　花瑶挑花一般用较粗的棉布（现在为化纤尼龙布）为底布，数纱是挑花工艺中组织图形的重要手段，花瑶挑花一般不在底布上打稿，形状和线条的变化转折全靠数纱来掌握。初学挑花时往往先以现成的挑花为蓝本，练习数纱、基本针法和组织图形的方法，而后再进行自由自在、随心所欲的挑绣。挑花要通过针法的基本训练才能针针到位，行针流畅，针足整齐。挑花手常说："针足好，挑的就是花；针足孬，挑的就是刺。"手艺未精者挑花，针足长短不一，架花角度看不准，拉线松紧力不均，看上去就毛刺连生，因此称之为"刺"。

　　挑花的基本程序有两种。一种是传统老花挑法，挑两根隔两根，从一角开始，不论主次，一个一个图案铺开，然后从原针斜走回填，曲折返回加挑一层；一种是现代新花挑法，先挑出主图案的轮廓（类似中国画中的线描），接着从一处开始将主图案填满一层，再挑次图案、辅助图案、上花边，然后填空，最后加挑一层。需要特别注意的是，挑花起始走向不同的话，针法也是不同的。按斜线走的，走"架子花"；直着走的（羊攀样），用直线顺挑法；横着走的，用上一针下一针交替法。同时，捏布选定了方向后就不能随意变更。不管用什么针法，花正面是十字，背面是一字平行，从不交错纠结，也无接线头。

　　花瑶挑花主体筒裙图案都是由两片对称图案组成的。在挑好一片后，另一片必须对照前一片的图，往相反的方向，一针一针数着布纱挑，一旦多数或少数了布纱，图案就会走样，不再与前一片相同、对称。挑花是一件细致而烦琐的事情，一件筒裙挑花约有30多万针，累计需180余天才能完成。

　　挑花裙前摆"固补"的挑花都是用五彩丝线、毛线挑制的几何图案。与后面两片挑花裙主体的挑法还是不同的，它没有十字针法，都是采用一字针法，以密密麻麻紧贴在一起的并列平行线组合成图案。一字针法的走向或"\""/"形斜走，或"一"字横挑，或"、"状直刺，具体根据图案不同而定。一般横着的长方形图案采用"、"针直刺，竖着的长方形图案采用"一"针横挑；正方形、三角形图案可采用"、"针、"一"针两种；菱形、不规则形图案，以及图案与图案之间的"隔水"，多采用"\""/"针斜走。"固补"图案都是一排一排的，很有规律。挑花的顺序一般是从右下角开始往左，一排花一排花地往上依次推进，从头到尾，基本一次成功，很少回填。有时为了减少配色换线的麻烦，也可能不一个个图案挑，而是一色一色挑。在用线方面，横向、竖向的长条图案采用粗点的毛线，小面积三角形、正方形、菱形等采用纱线和单股毛线，使整个"固补"凹凸有致，颇有层次。

挑花裙与"固补"都完成后，第四步缝合就不是难事了。主要是筒裙缝合、衣襟缝合、袖口缝合、裙边缝合等。将两片素色挑花裙相对向缝接组成对称的长方形大挑花裙，在裙下方配上宽约5厘米的红色布条装饰边，再在大挑花裙左右两端各缝接一片五彩"固补"，最后在筒裙上端连接一块长约120厘米、宽约30厘米的白色粗布。这样，整件艳丽而素雅的挑花筒裙，经过花瑶女子数月日夜飞针走线后，就大功告成了。只有通过缝合之后，才能看出挑花作者的心思之周密。前期的构思、图案配置与配色是多么精巧，而手艺达到什么水平，也可以一目了然。那些背包、荷包和背小孩的背带等小物件，以及独成一体的物件，是不需要缝合的。

几个步骤，看起来简单，其中的内容与讲究却很丰富，做起来更不容易。以上所述只是粗线条式的介绍，而且描述得不是很具体很全面。因为长期以来没有文字记载，花瑶妇女的挑花技艺和经验都存于她们的脑海里，通过口传心授传递给下一代。俗话说，"师傅领进门，修行靠个人"。教是基础，是外因，学是关键，是内因。年轻一代得靠自己的悟性，深入学习与领悟，把握其中的要领和规律，然后在自己的实践中摸索提高。况且，那些技艺中的精髓是相当精妙的，"得之于手而应于心，口不能言，有数存焉于其间"。(《庄子·天道》)可以意会而不可言传。一位哲人也说过："功夫，乃是艺术家最无法让渡的财产。"独到的功夫非言语所能表达。现代年轻花瑶妇女都有文化了，她们不少人能讲会写，有实践经验，有能力深入研究挑花技艺。应该鼓励、支持她们在总结实践经验、探索挑花艺术理论方面多多努力，把实践经验上升到艺术理论的高度，把这一国家级非遗艺术发扬光大。

完整的挑花裙

四、实践操作

挑花工艺非常精致，行针、用线或繁密或简练，有一整套特有的技法、方式、纹样，与其他种类的刺绣、挑花相比自有特色。在实际操作中，利用布纱的经纬进行挑花，经纬纱交叉呈"十"字形构成坐标，对角插针呈"x"形，通称"十字花"，或作"一"字形，基本形式是几根平行长线并列，其中有在两根平行长线之间加横线而呈若干方格的，有折作"U"形的，有作单线或双线菱形的，有大方格套小方格而呈"回"字形的，有多根直线交叉呈网状的，等等。各种形式中间如有较大空隙时，即挑小花填满。小花常见的形式有：x 字形、# 字形、十字形、口字形、回字形、V 字形 和小圆点形、旋涡形等。挑花工艺非常精致，挑花时行针的长与短、用线的松与紧，均需完全一致。繁密处针针相套，不现底色，简练处仅一枝花，几条线。

实践中形成了种类繁多的规范性花纹，使用最多的纹样有：太阳纹、万字纹、灯笼纹（也叫南瓜纹）、铜钱纹、牡丹纹、蕨叶纹、勾勾藤等。还有一种用得最多的被称为"杯干约"的像花的纹样（汉语叫花路岩），这是模仿生长在岩石上的一种生物菌体的图案。

（一）福寿花

首先来看挑制福寿花的实际制作过程。首先，准备原材料：丝线，土布，绣花针，接下来进行具体制作。

1. 先挑三针起头。

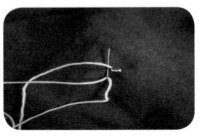

2. 竖挑四排、横挑三排，福寿花花瓣的一个小角就出来了。

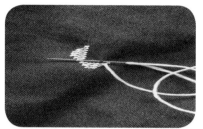

3.同样方向横着挑一排,竖着挑三排。

4.从中间挑五针过去,另外一边,挑花瓣的另一个角。

5.顺着前面挑好的针孔再挑回来,继续挑下面。

6.反复挑同样的花瓣。

7.挑好中间的花。

8.挑下边的花。

9.挑上边的花。

10.再挑最下边的边花。

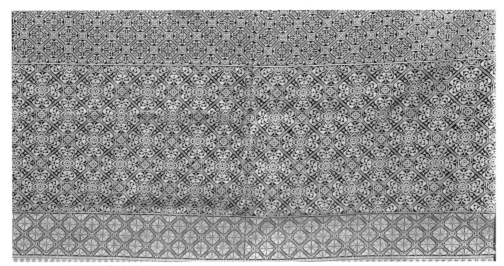

11. 完成福寿花作品。

12. 装裱。

（二）小鱼

1.起头，把线打个结，从后面确定好的地方穿一针过去。

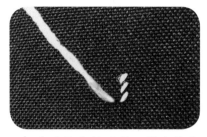

2.起头后往上挑三针，再由右向左穿过去。

3.从左边往下挑一针。

4.从左边往前挑两针。

5.挑完两针之后往回挑一针。就是在下一针的上面再挑一针回来。这样才方便挑下面的另一针。

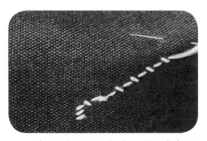

6.一直往左侧挑过去，挑到自己认为可以之处停止。

7. 这里已挑八针，如到此为止，就换个方向。

8. 换个方向往上挑三针。

9. 再换个方向，往下挑两针。然后再换方向。

10. 换方向往上面挑三针，然后就不用换方向了。

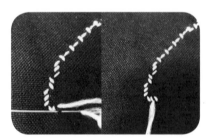

11. 往左侧先挑两针，换个方向再挑第三针。

12. 这就是第三次换手法的挑法，接着又换一个方向回去往下挑。

13. 再换一个方向往下走，然后往下挑。

14. 往下挑三针，换个方向往左侧挑。

15. 往左侧挑一针，换个方向往上挑，然后往回挑。

16. 这张图就是换了方向往上挑，以便再往回挑。

17. 往下挑三针，然后往回挑一针，再往左侧挑。

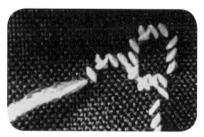

18. 同样挑三针，先挑两针，换个方向往下挑一针，再换回来，往左下侧挑。

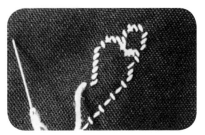

19. 往下挑一针，换个方向，往上挑。

20. 往上挑六针，换个方向，往左侧的方向挑三针。

21. 左侧挑三针。这里不用换方向，再往左侧横挑几针。

22. 横着挑三针。

23. 横着往左侧挑四针，换个方向。

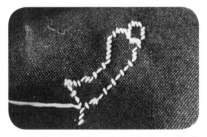

24. 挑完了四针，换个方向，往左上侧挑四针，就合起来了，初步像一条鱼的图形。

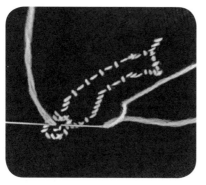

25.给它挑一只眼睛。

26.把图（鱼）身中心挑上鱼鳞，全部完成。

（三）花帽

准备材料有：红、黄毛线，竹编模型，腰织机板等，腰织机板是用于织带子。

制作花帽准备材料

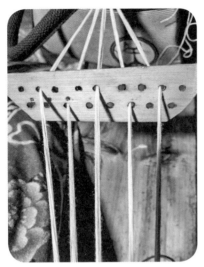

1.把红、黄毛线分成小股，用腰织机板织带。先穿5根黄色线。

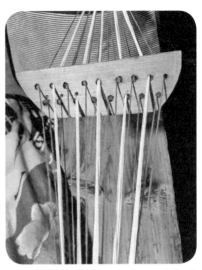

2.再穿12根红色线打底，黄色是拿来织花的，所以要突出一点。

3.用1根红色的线做织线，开始织造。

4.用针把编织好的织带缝制在竹制模型上面。

5.缝制好的半成品。

6.穿上流苏，花瑶帽做成了。

7.制作成功的花瑶帽。

第五章　花瑶挑花作品分类

　　传统花瑶女性服饰及用品，头巾、衣领、袖口、绑腿、小孩背带和筒裙等物件，都是挑花作品。花瑶挑花是花瑶女子的"独门绝技"，是她们秘不外传的服装制作工艺，也是花瑶服饰艺术成就最为突出的象征，千百年来一直由花瑶女性传承。可以说，花瑶挑花和花瑶服装是不可分割的共同体，花瑶挑花装饰了花瑶女子服装，反过来，花瑶女子服装又为花瑶挑花充当了不可多得的载体。没有这一载体，就没有花瑶挑花艺术；而没有花瑶挑花艺术，也就没有独特的花瑶服饰。虽然进入现代以来，挑花艺术在创新过程中开始向其他应用领域推广，但是不管怎样，花瑶女性服饰将永远是挑花艺术的基本载体。

　　花瑶挑花题材千变万化，挑花纹样丰富至极。一般根据服饰、用品的位置与用途不同确定挑花的图案与色彩。如花瑶筒裙后面的挑花裙与前面的"固补"，以及绑腿、腰带、盛装挂饰、衣服袖口、绣花鞋、小孩背篓、马夹花边等等，其挑花图案就各不相同。

　　花瑶挑花作品种类很多，丰富多彩，可以按照不同的标准分成多种类型。按色彩分，分素色挑花、五彩挑花。挑花筒裙后面两片为素色挑花，"固补"、绑腿、腰带、盛装挂饰、衣服袖口、绣花鞋、小孩背篓、马夹花边等皆为五彩挑花。按图案分，分主题图案、二环延续图案、填充饰边花纹、几何构成图案四种。

背篼

装饰品

腰带

新娘腰带

一、挑花裙主题图案

花瑶挑花主题图案主要应用在筒裙后面的两片挑花裙（小孩背篼上也有，但相对简单些），中层的大面积图案就是主题图案。主题图案有上千种之多，按题材可分为四类。

（一）动物类

这是图案中最多的一类，飞禽走兽、鳞介鱼虫样样都有，达数百种之多。据溆浦花瑶挑花传承人介绍，在传统挑花作品中，已知有猫、鼠、虎、狗、牛、马、象、猪、羊、蛇、兔、龙、鸡、鸟、猫头鹰、鹏、孔雀、狮、豹、凤凰、鸳鸯、熊、金鱼、章鱼、鸭子、鹅、青蛙、猴子等动物图案，主要作品有《双虎图》《群虎出山》《群马图》《将军骑马》《骏马奔蹄》《小山羊》《兔子图》《双蟒图》《群蛇图》《双蛇图》《鸳鸯图》《凤凰图》《八蛇图》《金鱼图》《章鱼图》《孔雀开屏》《狮子滚绣球》《雄鹰展翅》《双龙图》《布谷报春》《黄牛喝水》《雄鸡报晓》《青蛙戏水》等。以蛇、龙、鸟、鱼、虎、狮、马等动物图案最为常见。

1. 蛇。花瑶长期生活在雪峰山区林深草茂的环境里，夏季湿热，蛇类很多，俗谚称"七蜂八蛇"，是说八月间的蛇最活跃最具毒性。花瑶群众十分熟悉蛇的习性，而蛇又具有游水、上树、钻地、长寿、耐饿等能力，是早期人类力所难及的，被花瑶人视为灵物。传说女娲长着人首蛇身，是人类的创造者，她孕育了万物生灵，因而被瑶族人看成是生殖的象征。挑花图案中便有许多相交蛇、蛇缠蛇等反映生殖现象的图案，图形丰富多彩、千姿百态、耐人寻味。相交蛇纹饰挑花筒裙是花瑶挑花蛇类作品中的代表作，挑绣的是两条花边蛇紧紧相缠在一起，蛇头相对，深情地注视着彼此。这种既巧妙、神奇又浪漫的构思显示出花瑶女性对繁衍生殖的崇拜，她们祈求花瑶民族人丁兴旺，子子孙孙，万代昌盛。所以花瑶挑花中蛇图案最为丰富，多达上百种。如群蛇交体：上层和中层图案相同，均为左右有两条身体呈"S"形相交缠的蛇，四条蛇的蛇头上下两两相对；每层空白处还挑出四条两两头相对的小蛇，每层的左、右上角挑出一只飞翔的长尾鸟；下层左右各有一条身体呈"S"形弯曲的蛇，蛇头相对；左右下角各挑出一只飞鸟以补白。整个画面内容、层次丰富而灵动，令人拍案叫绝。

2.虎。虎是山中之王，华南虎曾活跃在雪峰山里。花瑶人与虎同居山林，特别崇敬虎啸山林，威震八方的虎劲，从来不畏艰难苦难。虎图案主要有侧身正面虎、侧身侧面虎等二十多个品种，其中侧身正面虎为最常见的虎纹饰，也是挑花中纹饰最繁、图案最丰富、艺术水平最高的画面。虎图案主体为两只头相对的侧身虎，虎头扭向正面，虎尾上翘至脊背呈"S"形弯曲，尾尖朝天。虎纹主体下挑四只肥猪或六只小老虎为辅助纹。虎纹上挑一对小鸟或一排小人牵马。最奇的是虎肚里还挑有一至两只小老虎和一些花草。花瑶女子是这样风趣而朴实地解析的：老虎要怀崽，还要吃东西，这样绣出来的才是只活老虎。这种解剖思维的方式大胆而浪漫。

3.龙。中国是龙的故乡，自古以来龙都是中华民族崇拜的神灵。花瑶人也和其他民族一样崇拜龙，祈祷龙保佑他们幸福美满的生活。于是花瑶姑娘们便把龙挑在自己的服饰上，将本民族心中的偶像和现实生活巧妙地结合起来。她们认为穿上挑龙的服饰，如"双龙抢宝"，这样就能得到龙的保护，驱邪避灾，使心灵上得到安慰，且显得格外动人。龙图案有龙凤呈祥、双龙抢宝、群龙护花、漂洋过海、腾云降雨等十余种，还有奇特的龙蛇共舞、千足龙等，充分展示出花瑶妇女超常的艺术想象力。在长期的封建社会中，只有皇家的宫殿、用品上才能绣龙，其他人是不允许的，否则就是大逆不道。花瑶妇女敢于把龙绣在自己的服饰上，并把有关龙的艺术形象传承下来，也从一个侧面体现了花瑶群众的反抗精神。

《群虎出山》

《双蛇比势》

《布谷报春》

《双狮探花》

《策马奔腾》

4.鸟。山里村庄本来是静谧的，因有了各种鸟儿鸣叫飞舞，为山乡增添了喜庆氛围。在农耕文化的有关传说里，稻谷种子是由鸟衔来的，因此稻作区域的人们对鸟非常敬仰和崇拜。在古代人们对自然界的朴素认知中，鸟与太阳、月亮等天象有着密切的联系，"玉兔东升，金乌西坠"，玉兔代月亮，金乌代太阳。凤凰象征着吉祥，神鸟朱雀被用来代表南方。鸟还与农事季节息息相关，"布谷飞飞劝早耕，春锄（即白鹭）扑扑趁春晴"。有些鸟类习性还被写进了老黄历，成为区分节令的标志，如候雁北、玄鸟（燕子）至、仓庚（黄鹂）鸣等，这既是人们对鸟类习性与季节物候变换关系的观察所得，又是用以指导全年农事的重要参考依据。花瑶挑花中的鸟类图案比较多，鸟有老鹰、凤凰、天鹅、锦鸡、鸳鸯、麻雀等，图案有六鸟连环、梧桐栖凤、双凤朝阳、枝头报喜、比翼双飞、鹰击长空、鹰蛇相斗等二十余种。鸟类活泼灵敏，自由翱翔，能够使挑花作品富有灵动的画面感。

5.狮。雪峰山里虽然没有狮子，但狮子却是山里人很尊敬、常念叨的动物。雪峰山区民间灯艺种类繁多，是民间文化的重要内容，又是民间娱乐生活的重要项目。在众多的灯艺里，最常见的就是龙灯和狮子灯等。狮子灯充分体现了狮子的威猛、迅捷，深受人们喜爱。表演狮子灯需要艺人们有一副好身手。因而狮子的形象，被采用于花瑶挑花作品中。狮子图案没有老虎图案多，但都是传统经典挑花。主要有正面狮、侧面狮、麒麟狮、金钱狮、几何狮、吼狮等。这些作品，或体现百兽之王的威猛，或取其吉祥华贵的寓意以表示祝福。

6.马。马历来是非常受人喜爱的动物之一，马到成功、一马当先、万马奔腾、八骏图等吉祥图案，是画家喜欢的绘画题材。雪峰山山高林密，有多条官道、茶马古道从山中穿过，马是最常见的代步及运输工具，至今雪峰山里仍有养马驮运物资的习惯。古花瑶祖居地黄土坎、芦茅坪，就位于溆浦至隆回官道边。花瑶群众也会养马，多用于驮送东西或出售，"牧马不能乘，惟售以获利"。（民国版《溆浦县志》）花瑶挑花中马图案的样式不多，但挑绣马图案的挑花裙子却很多。其中最经典的是双马奋蹄，另外还有马放南山、小马过河等。

7.鱼。人们也许会问，花瑶生活在深山丛林中，哪来的鱼呢？其实不然，瑶族最早生活的地方是有湖有河有水的平原地带、鱼米之乡，只是后来被迫迁居山林。在花瑶聚居的雪峰山，纵横交错的溪涧里，生活着多种野生鱼类，并且有珍贵的"娃娃鱼"（大鲵）。雪峰山里人家尽管生活在高山地带，但是他们有一个别具风味的养鱼高招，在房前屋后挖个池塘养鱼，一般是鲢、草、鲤、鲫等鱼类，逢年过节可以一饱口福，平日还可以临池观赏鱼类。不知从何时起，稻田养鱼在山里也流行起来，雪峰山稻花鱼是难得的美味。而且"鱼"的谐音是人们最喜爱的"余"，象征年年有余，所以花瑶挑花中有不少鱼图案是必然的，何况鱼历来具有年年有余、鱼水合欢、鱼跃

《金鱼戏水》

龙门等吉祥寓意。挑花鱼图案主要有娃娃鱼、几何鱼、刀币鱼、女阴鱼、双头鱼、铜齿鱼、金鱼、鲤鱼、泥鳅等。

（二）植物类

雪峰山是生物资源宝库。据统计，花瑶居住区域森林覆盖率达78.6%，共有木本植物95科633种，奇花异草、名木古树等珍稀物种较多，其中有国家重点保护野生植物24种。前文介绍过，花瑶有一个奇特的习俗是古树崇拜。这与他们的居住环境是有很大关系的。常年在山里劳作的花瑶妇女，对一草一木都很熟悉，以花草树木为主构图是轻而易举的事，可以信手拈来。常见的图案有数十种之多，较常见的有松、竹、菊、梅、水仙、芙蓉、牡丹、杜鹃花等植物图案，以及各种树的花、叶、树纹等。植物多用于装饰和衬托，如：《猴子上树》《蛇缠树》等。单独构图的很少，有《福寿花》《树纹图》《参子花》等。一般用树木花草变化的图案组合并按几何图形排列作主体图案，整齐而大方。有时在一块绣片中要挑几十种花纹，自由、不规则的组合图案，或花中藏花，或将几只鸟、昆虫等组合成花，大胆而奇特。植物类作主体图案的挑花并不多，最多是作为挑花裙上下两层的边花、主体图案中以及图案与图案之间填空补缺用的纹样。

《福寿花》

（三）历史神话故事和历史人物类

主要取材于瑶族神话故事、先祖抵御外族侵略的历史事件等，记录并赞颂祖先的勇敢睿智，因而也可以说挑花作品是花瑶文化的重要载体。主要有《乘龙过海》《先王升殿》《朗丘（即头人）御敌》《将军跨马》等，每一幅图案都有其固定的内涵，背后都有惊心动魄的传奇，与花瑶口耳相传的歌谣、典故可以相互印证，也是考证和研究瑶族历史渊源可资参考的依据。

（四）日常生活与寓言故事类

取材于日常生活中的特定场景，或者传统的寓言故事，蕴含了花瑶人民的生活情趣或生活哲理。如反映花瑶传统习俗的打酒成婚等，画面场景宏阔、人物生动，形象地展现了花瑶独特的风俗民情

《乘龙过海》

《将军跨马》

和生活情趣，展现了他们热情奔放、热爱生活的豪迈性格。特别是山歌传情，在两座飞檐瓦顶的木楼上，各有一人打开窗户，探出上半身，举起双手，张圆了嘴，正在放开歌喉，传达情感，形象十分生动传神。正如希斯说的那样："哪里有美，哪里就有爱。"花瑶姑娘挑出山歌传情图案，在彰显美的同时，也一定会得到爱。

二、挑花裙的二环延续图案

　　花瑶挑花裙的上、下面部分较窄，一般为二环延续图案。表现的题材多为花草树木、飞禽走兽、骑马人物以及传统福寿等吉祥图案。相对主题图案来说，二环延续图案更加简约明快，犹如现代绘画中的简笔画，虽寥寥几笔，却非常生动传神。二环延续图案使花瑶服饰显得协调、美观，构成了完美的整体。这种二环延续图案还应用于背篼、盛装挂饰等，只是换成了彩色。

挑花裙的二环延续图案

三、挑花裙的填充花纹

填充饰边的花纹是花瑶挑花裙的重要组成图案，它不单纯是图案与图案之间的填空图案和裙边的花边图案，更是主题图案中的填充图案，可以说它就是构成花瑶挑花裙图案的基本单位。这些花纹在马夹花边、袖口、绣花鞋、背篓中应用也较多。花瑶挑花的花纹种类很多，常见的纹样有：太阳纹、万字纹、南瓜纹（也叫灯笼纹）、铜钱纹、牡丹纹、蕨叶纹、勾勾藤、岩石花、雪花纹、回字纹，以及#字纹、十字纹、口字纹、V字纹、小圆点、旋涡等等。

万字纹。万字纹是中国古代传统纹样之一，用作护身符或宗教标志，在花瑶妇女的心目中，是美好的象征，视为吉祥之物。她们喜欢把"卍"字符绣在衣裙上，认为这样可以免除天灾人祸，保佑平平安安。

南瓜纹。南瓜是花瑶日常生活中常种的一种农作物，容易栽种，产量又高。特别是在过去的艰苦岁月中，人们缺粮少食，能有南瓜当饭充饥就是难得的美味了。所以花瑶女子特别喜欢将南瓜挑绣在衣裙上，以示生生相惜。

牡丹纹。唐代以来，牡丹花颇受世人喜爱，被视为繁荣昌盛、美好幸福的象征，宋时被称为"富贵之花"。花瑶女子又何尝不希望自己像牡丹花一样备受宠爱呢？

铜钱纹。铜钱是代表富裕发财的，古往今来，没人不喜爱。在花瑶挑花中，铜钱纹不仅作花边，还用在动物中，《金钱狮》就是典型。

蕨叶纹。蕨俗称山野菜，也叫拳头菜。在花瑶生活的山区，蕨是到处可见的植物，还可以填饱肚子。幼嫩的蕨叶蕨茎可做菜吃，叫蕨菜，蕨根可以提炼淀粉做成蕨粑，这都是花瑶曾经赖以生存的重要食物，现在更是人们来瑶山旅游特别想品尝的山珍美味，所以花瑶女子将蕨叶挑绣在衣裙上是人之常情了。

南瓜纹

　　勾勾藤。花瑶生活在山林之中，各种藤蔓随处可见，不论南瓜、白瓜、黄瓜、豆角、猕猴桃藤蔓，还是野生的其他植物藤蔓，那些勾手、吊须、弯头，都是那么优美迷人。花瑶女子爱美，自然不会忘记以此装点服饰。

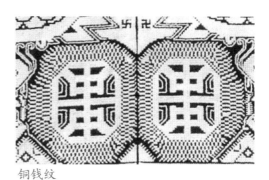

铜钱纹

　　岩石花。瑶语"杯干约"，像葵花的纹样，又叫花路岩。这是模仿生长在岩石上的一种生物菌体的图案，每到年成好时，这种花路岩的图案特别明显。这里有一个美丽的传说，一天阳光明媚，百花争艳，百鸟齐鸣，在虎形山铜钱坪的岩壁上，忽见有两个美丽的姑娘在那里挑花刺绣。阳光下，姑娘们坐的地方五彩缤纷，霞光万道。当地的瑶家姑娘欣喜不已，连忙赶去看热闹，谁

蕨叶纹

勾勾藤

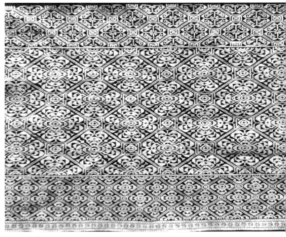

岩石花

知赶去后姑娘竟无影无踪，只见她们坐的地方出现如十五的月亮那样圆而灿烂的花盘，放射出耀眼的光芒，而且奇香无比。大家兴高采烈，围着花盘翩翩起舞。从此，瑶族姑娘便把"杯干约"绣到裙上，并把这种花纹作为一种吉祥的象征，有的还把它绣到动物体内。她们说看到"杯干约"的图案就会有福。

回字纹。回纹是已有三千多年悠久历史的传统装饰纹样，它由古陶器和青铜器上的水纹、雷纹、云纹等衍化而成。在织锦中把回纹做四方连续组合，民间称之"回回锦"，均寓意福寿吉祥、长远绵联。花瑶挑花中，常采用四方回纹连续组合作花边。

四、广泛应用的几何图案

挑花工艺的一个重要特征是把复杂的描绘对象简化为几何图形，古拙而又生动，简练而又明快，这也是挑花工艺的一个显著特点。通过线条化、几何化处理，使挑花手法和图案特征化、几何化，不再拘泥于对对象物的细节描绘，因而更易于操作，也更富有艺术效果，体现了花瑶妇女与众不同的审美理念和美学眼光。如《鱼与麒麟》，几何形的鱼神奇怪异，细看它又是四只脚并且正回头张望麒麟，所有的造型都服从几何化的格式，构图丰满而不零乱，造型简洁而不单调。又如《佛手扪心》，整体几何排列构图，每组图形由四只轻握成心状的佛手围着一个圆点方心，小指轻扪方心，方心有开有合，且四周布有万字，富有禅意哲理。几何图案在花瑶挑花中是应用广泛，占据比例比较高的，"固补"全部是由五彩几何图案组成，袖口、马夹花边、绑腿挑花多数是几何图形，盛装挂饰、背带等也离不开几何图案。常见的几何挑花图案有三角形、正方形、长方形、菱形、多边形、不规则形等。

五、代表性作品

花瑶挑花种类繁多，已如前述。在此仅列举花瑶挑花作品中常见的一些图案。

（一）动物类

1.《双龙抢宝》。双龙形态逼真，对称构图铢两悉称。用材是以黑白色为主的黑色底布，挑白色棉线，是花瑶挑花的完整的裙子。

2.《群龙护花》。画面由 120 条飞龙守护着 83 朵太阳花，方与圆、曲与直巧妙糅合，虽密密麻麻，却密而不堵，极具装饰效果。

3.《卧山虎》。这是花瑶挑花中的现代新作，比较写实，其造型构图或表现技巧都与传统挑花有别。画中群虎或俯看，或仰望，或对视，或远眺，形态各异，空隙填充金钱松，很好地体现了深山丛林藏猛虎的意境。

4.《圆脸老虎》。这是我们花瑶裙传统的图案，是花瑶祖祖辈辈传承下来的老作品，也是我们花瑶挑花最难挑的图案，因为这个作品要求我们既要会青纱，还要会数针。材料选用是黑色的布和白

《双龙抢宝》

《群龙护花》

色的线。反映的内容是花瑶崇拜的图腾，花瑶祖先希望花瑶人民也能像老虎一样威武霸气，花瑶妇女就把老虎挑在自己穿的裙上，显示也能像老虎一样威武霸气。

5.《雄狮争吼》。两只大雄狮带领着一群小狮子在练习狮吼功，满版直线条组成的画面，正好将威震山河的狮吼张力充分散发了出来，特别精彩。

6.《雄狮》。狮子高大威猛，胡须直如钢针，背部卷毛蓬松，身上丰富的太阳花、圆点花、菊花，下层的万字南瓜花，以及上层的野猪、铜钱花等，块面填充与线条穿插妙趣天成，妙不可言。

7.《奋蹄马》。奋蹄相抵的两匹马，外形彪悍，动态生动，代表谋事创业马到成功。作者将狮子、人、鱼、野猪、万字、寿字、菊花、回纹、南瓜花等填充于画面，竟然那么协调美观，其想象之大胆，组合之巧妙，更是令人叹服。

8.《战马母马》。中间是浑身披着铠甲的战马，上层是怀有身孕的母马，下层是万字南瓜花，空隙之处以飞鸟、走兽、花草填充，画面十分饱满。

9.《群蛇狂欢》。一群蛇在河边树林聚会，或盘旋树干，或缠绕树枝，或嬉戏水中，昂首摇身，直闹得树叶纷飞，水花四溅，甚是开心，甚是尽兴。

10.《盘蛇比势》。两蛇挺立比势，两蛇盘旋对峙，一动一静，一圆一直，配以曲折放射状水纹，构图简单却动静相宜，饶有趣味。

11.《众鸟归巢》。也许是夜色渐深，也许是风雨将至，也许是相约聚会，古树丛林间，树冠、枝丫、地面，众鸟栖息，温馨宁静。全图采用块面造型构图，极具剪纸装饰效果。

12.《雄鹰展翅》。采用满版构图、块面结构的手法，干净利落地将两只展翅高飞的雄鹰表现得刚猛凶悍，不惧任何风雨艰难。

《圆脸老虎》

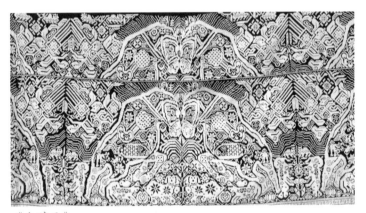

《奋蹄马》

《群蛇狂欢》

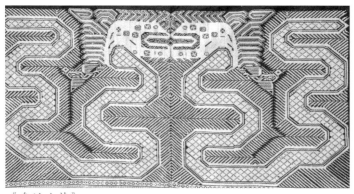

《盘蛇比势》

13.《母鸡》。漂亮的鸡妈妈，带着一群小鸡在野外觅食游玩，调皮的小鸡还骑在妈妈背上撒娇，天上的鸟儿也忍不住落下来与鸡妈妈、小鸡们一起玩耍。

14.《鸾凤低鸣》。这是孝服筒裙，以白布黑纱绣制。图中凤鸟低头哀鸣，含苞待放的月季花与人形寿字串联搭配，上层驮着人疾走的马，边走边嘶鸣，呈现一片庄严肃穆景象，表达了生者对逝者的无限哀挽之情。

《雄鹰展翅》

15.《天鹅展翅》。胖乎乎的天鹅，飞翔在天空中，两翼羽毛弯曲内收呈声电波状，搭配以祥云，独具风情。

16.《鸟语花香》。采用三排三连方组合构图，众鸟围着馨香四溢的花朵儿呢喃低语，令人倍觉心旷神怡，陶醉其间。

17.《团鱼呈祥》。团鱼须足弯曲律动，状若游龙腾云，动感十足。下层为万字南瓜花，上层为双人牧马，饱含万事如意、团团圆圆、和和美美之意。

18.《对鱼》。鱼为菱形，四条鱼两两相对又构成菱形，并与无数花朵连接成多个菱形组合，平面几何装饰味特浓。最难得的是细微的波浪与鱼翅组合，激活了整个画面，让人赏心悦目。

19.《鲤鱼戏水》。这是花瑶挑花现代新作，以典型的写实手法造型构图，无论鱼尾、鱼鳞、鱼翅、鱼须等细节，还是整条鱼的形态比例，以及水草、莲花，都活灵活现，栩栩如生，真让人琢磨不透这些没有美术基础的花瑶挑花女子是怎么妙手生花的。

《母鸡》

《鸟语花香》

《团鱼呈祥》

《对鱼》

《鲤鱼戏水》

（二）植物类

1.《野菊花》。野菊花有黄色、白色、雪青色，一团团、一簇簇地盛开在山野、田间、路边、地头，花儿不大却有一种独特的野性与娇柔并妙的美，令人忍不住去关注它、抚摸它。除了美，这种野菊花还是一种清热解毒的良药。这幅挑花很精美，妙在将野菊花那既娇美又不失野性的特征原汁原味表现了出来。

2.《南瓜花与八瓣花》。下层为南瓜花，中层是八瓣花，最上层边衬一排小鸟，整个画面由紧凑的直线、黑白小圆点、大几何图案组成，采用了"丢针现地""花包花"的挑花手法，值得品味。

3.《岩石花》。密密麻麻的岩石花与小小的灯笼花浑然一体，上面配一排两两亲热交谈的几何形太阳鸟，使画面既整齐划一，又方圆有序，令人百看不厌，爱不释手。图案的材料用黑色布作底，白色粗线挑成花纹。

4.《福寿花》。用材以黑白色为主，黑色底布挑白色棉线。形状基本是椭圆形或者是菱形和四方形、几何形融合在一起，采用的是花瑶挑花传统的挑花技艺。福寿花的创作是由花瑶祖祖辈辈传承下来的，以传统的牛眼花和福寿花的花心做上下分割为辅助。

（三）历史传说类

1.《乘龙过海》。源于瑶族民间传说中的"漂洋过海"事件。图中瑶族头人，头戴三尖神冠，长发飘逸，英姿焕发，骑在龙背上，蛟龙昂首，腾云驾雾，龙须龙尾曲折律动，太阳与鸾鸟飞舞，使整个画面呈现一种飞腾流动的感觉，呼呼生风，非常形象生动。

2.《先王升殿》。源于瑶族传说。瑶族首领身着王服，端坐殿中，护卫站立两旁，威严英武。宫殿是瑶族典型建筑，风格独特。翘檐宫殿上横书"寿"字，寓意永久。"寿"字左右挑绣富贵花，两边插旌旗，迎风飘扬。先王头像两边绣有竹叶，殿柱两边绣有双龙。

《福寿花》

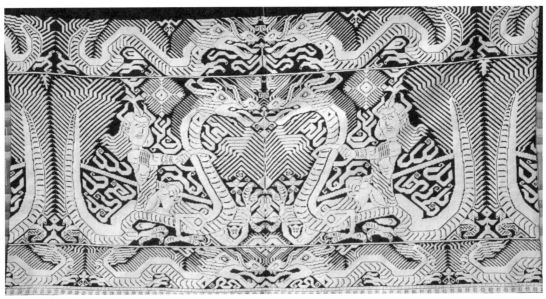

《乘龙过海》

整个图案造型稚拙，表达了经常遭受杀伐、生活贫困的瑶族先民祈求平安吉祥，兴旺发达的美好意愿。

3.《朗丘御敌》。源于瑶族传说。朗丘即头人，御敌图以写实的手法直接表现瑶族将士守卫家园，英勇杀敌的场面。朗丘骑在马上，头戴神冠，身着铠甲，手执羽箭，马下有来犯者的首级。这幅图案既是对历史的记载，又是对英雄的讴歌，也是对先祖的崇敬。

4.《元帅跨马》。源于瑶族传说。元帅头戴盖帽，身着军装，肩宽腰直，方脸浓眉大眼悬胆鼻，跨骑高头战马，昂首挺胸，胜如天降神兵，威严无比。而头上身后则群鸟枝头欢歌，充分表达了花瑶人民对保家卫国将士的无比敬意和感激之情。

5.《老鼠娶亲》。这是一个普通的民间传说。以素色悦目，强调细腻的线条、精美的图案、丰富的内容，别有风味。

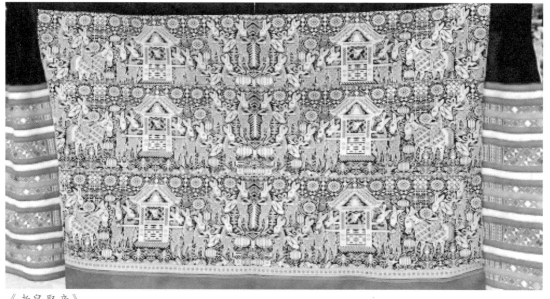

《老鼠娶亲》

（四）现实生活类

1.《山歌传情》。古树林间，小木楼上，一小伙打开窗户，露出上半身，举起双手手掌，张圆嘴，正在放开歌喉，向对面田野或山林间的心上人表达情感，特别是有点夸张的竖立着的头发，将歌者的用心与卖力的形象表现得格外生动传神。

2.《打滔成婚》。画面描述的是花瑶婚俗。双方亲友相互坐到对方大腿上蹾屁股以庆贺婚事的欢乐场景。挑花采用白布黑线以体现夜色，人物造型采用简笔画和剪影的手法，简练明快而生动。美丽的古窗格、窗花以及成双成对的排排灯笼，更将喜庆的氛围烘托得淋漓尽致。

3.《年年有余》。鱼是多子的，寓意着多子多福。选用的材料是黑色的底布和白色的线。用白色的线先把鱼和植物轮廓挑出来，再用白线去填充里面的图案，这种图案，基本是给刚学会的人挑的。

《年年有余》

因为其基本轮廓已经帮你挑出来了。

　　4.《浴火重生》。这是专门为武汉人民抗击疫情而创造的作品。图案设计独具匠心，正面看是两只凤凰在围绕着武汉飞行，为他们祝福，倒过来看，是一个爱心的形状，寓意为全国人民为武汉献爱心。凤凰自古以来在传说中是能浴火重生的动物。花瑶妇女祈祷这场疫情早日过去，希望英雄的武汉人民，能像凤凰一样早日浴火重生。

《浴火重生》

第六章　花瑶挑花传承人和传习所

一、传承人

花瑶挑花是花瑶女子开创并代代传承下来的一门技艺，并且是花瑶女子人人必学必会的绝技，老一辈花瑶妇女，没有不会挑花的，几乎个个是挑花高手。花瑶挑花的传承历史极为悠久，无法考证始于何人何时。在流传至今的传说中，奉姐是花瑶挑花传承史上的标志性人物。她是瑶山八寨中"歇官寨"（位于隆回县虎形山瑶族乡水洞坪村）的寨主，娘家姓易，嫁于奉家。她自幼习武艺、学挑花，未出嫁已学成一身本事，嫁入奉家后，德行服众，智谋超群，被尊称为"奉姐"。奉姐挑花技艺高超，常常忙里偷闲挑花，并向族中女性传授技艺。现在，歇官寨遗址山坳入口处还有一奇石，石上有一个深深的屁股印和两个脚印，据传就是奉姐当年坐在上面一边绣花一边放哨坐出来的。因年代久远，奉姐的挑花作品已无处可寻，只有她的传奇故事在民间代代流传。奉氏族谱有关于奉姐的记载，但其生殁年月无传。

长期以来，年老的花瑶挑花艺人，总是毫无保留地把自己的技艺传授给后人。这种师承关系，一直是在家庭内进行的，母亲是女孩的第一位老师，母女关系就是师徒关系。关于花瑶挑花的传承谱系，由于只是口耳相传，现在一般尚能向上追溯四至五代，再往前就很少有人知道了。不过，花瑶长期奉行族内婚姻，挑花技艺也是在家族内传承，以母女授受为主，因而根据其族谱所载婚嫁脉络即可大致追溯其师承关系。

曾几何时，挑花艺术陷入了后继乏人的窘境。所幸的是，进入新时代以来，这种窘境正在逐步改观，不仅藏在深山人不识的花瑶挑花走出深山声名鹊起，而且保护传承工作得到国家和社会各界的广泛重视。花瑶姑娘不学挑花、不会挑花的状况得到改观，艺人队伍逐步壮大。老一辈艺人乐于传授，年轻一代虚心肯学，有的已经小有所成，担当起省、市、县级传承人的重任。全县现有各级传承人9人，即省级传承人1人，奉兰香；市级传承人2人，奉湾妹、奉云华；县级传承人6人，奉寨妹、刘店妹、步要妹、奉潭花、杨尖妹、奉瑞燕。以她们为骨干，一个中青年艺人队伍初步形成，开始在省内外舞台上展示身手。随着文旅融合发展进一步走向深入，花瑶挑花艺术得到社会各界的广泛赞誉，经济和社会效益日益显著，艺人队伍还在继续壮大。她们将花瑶挑花技艺带出了瑶山，带向全世界。花瑶挑花表演队走出大山，先后到江苏、成都及韩国等地展演，每到一地都广受关注。精美的挑花作品，受到广泛赞誉，受到收藏家和挑花艺术爱好者的青睐。

（一）奉兰香

奉兰香，女，瑶族，1988年出生于溆浦县葛竹坪镇山背村，现为国家级非遗保护项目花瑶挑花省级代表性传承人。5岁开始在母亲的指导下学习花瑶挑花，10岁时第一件挑花作品《双虎乘凉》得到挑花艺人们高度评价。已创作《哪吒闹海》《双龙抢宝》《双凤朝阳》《虎》《蛇》《八马头》等作品600余件。2009年作品《双龙抢宝》《双虎乘凉》获怀化市少数民族服饰大赛一等奖；2011年作品《双龙抢宝》参加怀化市工艺美术展览被评为优秀作品；2012年参加"中国第三届乡村文化艺术节"获最佳展演奖；2015年9月参加"湘赣鄂皖"四省非遗联展并被评为先进个人，同年被怀化市文体广新局评为"全市工艺美术创意成果新人奖"；2016年5月参加深圳"第十二届中国国际文化产业博览交易会"进行花瑶挑花展演；2017年参加韩国"欢乐春节"活动；2018年5月参加马德里中国文化中心举办的"湖南非遗大师工作坊"活动；2019年1月拍摄了花瑶挑花的传承与创新宣传片，同年参加"时光如诗 匠心追梦"第四届长沙文创十大工匠"金手指"传人评选；2020年1月11日参加怀化市博物馆春节特展暨非遗传统工艺博览会"甜甜的怀化·非遗陪你过大年"，同年参与拍摄中央电视台纪录片《传承》，担任花瑶挑花主演。

奉兰香

（二）奉湾妹

奉湾妹，女，瑶族，溆浦县沿溪乡黄土坎村人。现为国家级非遗保护项目花瑶挑花市级代表性传承人。1959年出生于隆回县虎形山乡，读初中时，班主任老师奉香妹是一位挑花能手，有许多挑花作品受到人们的赞誉。奉湾妹深受其影响，决心向老师学习挑花技艺。奉老师倾囊相授，耐心指导，告诉她挑花就像写字一样，从外到内，只要专心学习一定能掌握挑花技艺。于是奉湾妹一边读书一边挑花，从学习基本针法开始，慢慢地学习挑出龙、虎、凤凰等图案。1977—1980年在毛坳当老师期间就开始授徒。奉湾妹的挑花技艺得

奉湾妹（左）

自其老师，她又传授给自己的学生，突破了限于母女授受的旧传统。1981年，奉湾妹出嫁到溆浦沿溪乡黄土坎后，看到婆家有许多老人会挑花，虚心向她们学习，技艺进一步得到提高。她热心传承工作，指导花瑶姐妹学习挑花技艺。

（三）奉云华

奉云华，女，瑶族，溆浦县北斗溪黄田村人。现为国家级非遗保护项目花瑶挑花市级代表性传承人。1988年出生于隆回县虎形山乡，从童年时代开始学习挑花，熟练地掌握了挑花技艺。1995年9月至2003年7月，在虎形山读书期间，跟其母亲学习花瑶挑花技艺，2004年从隆回县虎形山瑶族乡嫁到溆浦县北斗溪镇黄田村。2009年被评为花瑶挑花县级代表性传承人，2011年被评为花瑶挑花市级代表性传承人。有代表作《哪吒闹海》《双龙抢宝》《双凤朝阳》《虎》《蛇》《八马头》等，其作品工艺精细、构思奇妙、图案别致、对比强烈，具有一种憨厚、坚实的乡土之美，能引发人们无限的想象，具有幽远的境界，无穷的韵味。

（四）杨尖妹

杨尖妹，女，瑶族，1968年10月出生于隆回县虎形山瑶族乡

奉云华

杨尖妹

万贯冲村，三岁丧父，四岁时迁至北斗溪镇宝山村，六七岁开始学习花瑶挑花，十二三岁就成了挑花能手，并能制作花瑶部分服饰。她技艺精湛，心灵手巧，动作敏捷，以快手著称，掌握的各类技法最为全面，经常受邀赴有关院校授课。一件完整的花瑶挑花裙，大约挑刺20万至30万针，一般艺人一年只能完成2件，而杨尖妹一年可以挑刺4件。她家藏的挑花艺术作品已有一千多件，不仅数量最多，而且种类最为齐全。

（五）步要妹

步要妹，女，瑶族，1986年出生于隆回县虎形山瑶族乡铜钱坪村。现为国家级非遗保护项目花瑶挑花县级代表性传承人。外祖母师从回小花，母亲师从奉田妹，都是挑花技艺精湛的艺人。步要妹6岁开始学艺，得到外祖母和母亲的悉心教导，凭借自己极强的领悟能力，12岁便已掌握了挑花本领，13岁完成自己的成名作《哪吒闹海》《虎虎生威》。2007年出嫁至溆浦县葛竹坪镇山背村沈家湾组，继续从事挑花制作。2015年入职雪峰山生态文化旅游公司创艺园担任挑花师，2018年5月参加武汉纺织大学非物质文化遗产传承人群民

步要妹

间挑花培训班交流学习，同年 12 月携带自己入选作《蛙鱼戏水》出席潮州国际双年展，先后赴中南大学、怀化学院、长沙商务职业技术学院、长沙师范学院、溆浦县一中等院校讲学，宣传讲授花瑶挑花，并经常为山区有志学习花瑶挑花艺术的学子、艺人授课。

（六）奉寨妹

奉寨妹，女，瑶族，溆浦县葛竹坪镇山背村人。现为国家级非遗保护项目花瑶挑花县级代表性传承人，花瑶婚俗市级代表性传承人。1984 年出生于隆回县虎形山乡，从童年时代开始学习挑花，熟练地掌握了挑花技艺，主要作品有《哪吒闹海》《双龙抢宝》《双凤朝阳》《虎》《蛇》《八马头》等。她积极参与挑花艺术宣传传承活动，已授徒 30 多人；她大胆创新，为传统的挑花技艺注入现代元素，突破原来只挑衣、裙等服饰的限制，创作了手机袋、香袋、壁挂装饰挑花等；积极参加每年文化遗产日及节庆活动、穿岩山等旅游景点展演，为文旅融合发展做出了贡献。2006 年 7 月参加隆回县小沙江镇"花瑶挑花"比赛并获奖；2007 年农历五月在虎形山举行的花瑶挑花比赛中获得三等奖；2017 年参加全国第六届中国成都国际非遗艺术节"中国传统手工技艺新生代传承人竞技成果展"，荣获"新生代传统手艺之星"称号。

（七）刘店妹

刘店妹，女，瑶族，溆浦县葛竹坪山背村沈家湾组人，现为国家级非遗保护项目花瑶挑花县级代表性传承人。1985 年出生于隆回县虎形山乡，从学生时代开始，跟其母亲学习花瑶挑花，熟练地掌握了挑花技艺。2003 年 6 月至今，她从虎形山瑶族乡嫁到溆浦山背村，把挑花技艺带入该村，热心开展传承工作。其作品工艺精细、构思奇妙、图案别致、对比强烈、神秘粗犷。12 岁时，《哪吒闹海》《双龙抢宝》《双凤朝阳》《虎》《蛇》等作品已具有成熟的挑花工艺水平。2015 年入职湖南雪峰山生态文化旅游有限责任公司，多次参加全国各地民族非遗文化培训学习。2013 年 8 月，作品《哪吒闹海》在长沙展览获优秀奖，2016 年 5 月 21 日参加北京世界旅游发展大会，2016 年 6 月 2 日参加益阳市首届非物质文化遗产博览会，2016 年 9 月 3 日参加四川省成都第四届蜀绣文化艺术节，2018 年 5 月 8 日参加湖北省武汉全国非物质文化遗产传承人群民间挑花培训，2020 年 6 月参加湖南艺术职业学院音乐人才专题培训。

奉寨妹

刘店妹

（八）奉潭花

奉潭花，女，瑶族，2005 年拜师奉湾妹学习花瑶挑花。现为国家级非遗保护项目花瑶挑花县级代表性传承人。她天资聪颖，领悟能力强，加之从小就跟母亲学过挑花，拜师后学习更加认真，两年后已掌握了挑花技艺，创作了多幅富有新意的作品，成为新一代挑花艺人中的佼佼者。

（九）奉瑞燕

奉瑞燕，女，瑶族，1984 年出生于隆回县虎形山乡，2008 年随夫迁至溆浦县中都乡，在该乡高坪教学点任双语（瑶语，汉语）教师，现为国家级非遗保护项目花瑶挑花县级代表性传承人。她从小生活于花瑶世家，对挑花充满兴趣，并师从资深的挑花艺人，善于学习、思考，敢于创新，掌握了深厚的挑花知识和杰出的技能，完成了多幅花瑶服饰作品。她热爱自己的民族，深知花瑶女性服饰的价值，积极参加对外宣传活动，并利用课堂向学生讲授花瑶文化及挑花艺术。

奉潭花

奉瑞燕

二、传习所

进入新时代以来，各级政府非遗传承保护工作力度不断加大，非遗保护事业加快发展，花瑶挑花传承人和艺人群体不断壮大，他们在挑花艺术的传承发展过程中发挥了重要作用。为了促进花瑶挑花艺术的传承与弘扬，更好地发挥传承人的传、帮、带作用，便于花瑶妇女集中进行传授学习，根据花瑶群众的居住状况，以传承人为主讲，溆浦县全县设立了五个花瑶挑花传习所，经常性地开展花瑶挑花传习活动。

溆浦境内花瑶主要分布在沿溪、北斗溪、葛竹坪等乡镇，这些乡镇保留着花瑶群众集中居住的自然村，也有部分花瑶群众分散居住，花瑶挑花的保护传承工作主要集中在这几个镇的有关村。从2010年起，相继开办了山背、黄田、宝山、烂泥湾和高坪五个花瑶挑花传习所。各传习所在当地乡镇、村的领导下开展工作，接受县非遗保护中心的业务指导。传习所由所在村委安排固定的学习场地，订立了相关制度，确定了传承人负责制，储存了部分作品用于示范，

山背村传习所（1）

山背村传习所（2）

当地花瑶妇女全部参加学习。每个传习所都有传承人专职传授，奉兰香主讲山背村传习所，奉云华主讲黄田村传习所，杨尖妹主讲宝山村传习所，奉湾妹主讲烂泥湾村传习所，奉瑞燕主讲高坪村传习所。

各传习所成立十多年来，逐步走上了常态化、规范化轨道，每年定期举办传习班，动员花瑶妇女就地参加学习，基本实现了学龄以上花瑶女性参学全覆盖。各位传承人热心传授挑花技艺，年长的花瑶老婆婆也乐意倾囊相授，大家还互教互学，相互交流经验。

大部分女性已多次参加传习所学习，基本掌握了挑花技艺，能创作出自己的作品。为了照顾在校女学生，传习所经常利用暑假、寒假开班，使在校花瑶女学生和在外务工者能有空余时间回乡参加。宝山村传习所创新性开展传承工作，将花瑶挑花非遗工坊与传习所融为一体，经营花瑶传统服饰挑制、传统服饰出租、技艺培训、挑绣工艺品零售、文创产品零售等服务项目。常年有挑花工10多人，所生产的所有产品均为纯手工制作产品，销往全国各地。在传习挑花技艺的同时，也带动了村民们共同致富。开办非遗工坊的探索也说明，传习所还可以将传承学习与挑花产品生产结合起来，平时学习技艺，市场有需要时可以快速开展生产制作。

传习所已成为花瑶妇女集中学习交流挑花艺术、创作挑花作品的好平台，使以家庭为单位的分散传授转变为以自然村为单位的集中传授学习，使家庭内部封闭式传承转变为花瑶妇女集体参与的开放式传承，使仅仅为自己制作转变为面向社会大众的市场化创作，也使花瑶挑花艺术的保护与传承工作出现了新局面，进入了新境界。

溆浦花瑶挑花传习所办出了成效，受到社会各界特别是高校的关注。传习所进入院校的视野，院校师生光临传习所，联系沟通的桥梁搭起来了，对于花瑶挑花保护传承工作意义重大。国内一些知名高校主动采取行动，爬上雪峰山，与传习所建立了联系，与艺人建立了感情，定期组织师生前来开展调研、采风、研学活动，对传

烂泥湾（满天星）村传习所

黄土坎村传习所

黄龙村传习所（1）

黄龙村传习所（2）

宝山村传习所（1）

宝山村传习所（2）

习所的工作给予指导，给传承人和基层非遗工作者以极大的鼓舞和支持。仅以山背村传习所为例，清华大学从 2021 年起每年一次，派来约 20 人的团队进驻山背村半个月（他们同时还参观宝山村等传习所）；省内院校前来调研观摩的越来越多，如湖南女子学院 3 批次 30 多人次、湖南师范大学 30 多人次、怀化学院 3 批次 40 多人次。这些贵客的到来，为花瑶民众带来了福音，为传习所增添了新的活力，必将使正在走向世界的花瑶文化如虎添翼。

高坪村传习所

第七章　花瑶挑花价值分析

　　花瑶挑花历经了千百年的演变、发展和完善，凝结了花瑶女子的过人才智、无数心血和深厚情感，是一代代花瑶妇女接力创造的艺术珍品，可以说是花瑶文化的标志。花瑶挑花作品，图案饱满而醒目，结构繁密而严谨，挑绣精细而均匀，纹样夸张而丰富，《湖南民间美术全集》"民间刺绣挑花"篇中就单辟一章进行详细介绍。花瑶挑花是民间工艺美术的珍宝，是中国民间工艺美术的绝品，甫一亮相便惊艳了世界。沈从文先生看到湖南省群众艺术馆美术工作室田顺新所收集的隆回花瑶挑花裙片后，发出了由衷的赞叹："这是世界第一流的挑花！"著名国画家陈白一先生评价挑花为"具有国际水平的艺术"。近年来，各地报社、电视台等新闻媒体，摄影、美术等艺术家团队，纷纷赴花瑶地区采访报道、裁缝创作。国内外游客纷至沓来，一睹花瑶民族的风采。

　　非物质文化遗产是一个国家和民族历史文化成就的重要内容，是优秀传统文化的重要组成部分。非物质文化需要通过一定的载体体现出来、传承下去，而这些载体本身也是民族文化的重要组成部分。作为国家级非物质文产，其核心内容是独特

旅游艺术品

的挑花技艺，花瑶挑花服饰就是花瑶民族文化的传承载体之一，在花瑶人们的生活中扮演着重要角色，具有很高的历史、人文、美学和工艺价值，也具有重要的实用价值。

上门访谈

一、历史价值

花瑶挑花既是历史的产物又是花瑶历史的重要载体，它的形成、发展与整个花瑶民族的命运及发展进程息息相关。因为花瑶民族没有文字，挑花就成了花瑶人民记录历史往事、反映现实生活、表达美好追求的重要载体之一，是不同于文字记载的历史记录，具有珍贵的历史价值。

第一，花瑶服饰记录花瑶的图腾崇拜，体现了花瑶人民对日月星辰、土地山林及水火的崇拜和敬仰，沿袭了早期人类的自然崇拜。前文在介绍花瑶服饰的历史渊源时已讲过，《风俗通义》《隋书》《文献通考》和《搜神记》等文史典籍都有关于瑶族服饰的记载。这些描述与现在雪峰山花瑶女子的服饰恰好相互印证吻合，她们头缠五彩斑斓的挑花头巾，上着蓝色圆领衣，腰系挑花彩带，下穿彩色挑花筒裙，腿扎挑花绑带，花瑶挑花作品是花瑶民族历史源流的记录，花瑶历史上重大事件都可以从挑花作品中找到踪迹，并可以与他们代代相传的历史故事相印证。而这又足以说明花瑶挑花所承载的厚重文化积淀。

值得一提的是，不少挑花作品图案取材超出了雪峰山地域的范围，展现了非常广阔的取材空间。这其中隐含的信息很值得探索思考。比如，作品《牧马图》描绘的牧马场景是祖国北疆，身穿长袍或长裙的牧马人，挥舞着长鞭驱赶马群，人物的服饰、像蒙古包一样的建筑等纹样，是否暗藏着花瑶民族先祖的活动轨迹？这是一幅由花瑶妇女从先辈那里传承下来的传统图案。可以肯定的是，在雪峰山定居的花瑶妇女，没有亲眼见过蒙古大草原牧马场景。而雪峰山虽然也曾养马，却完全不能与之相提并论。那么花瑶先人为何能传下来这一图样？

又如《千足龙》图案中，龙是无角的，即螭。《广雅》说："有角曰虬龙，无角曰螭龙。"屈原《涉江》说："驾青虬兮骖白螭，吾与重华游兮瑶之圃。"虬、螭在古代神话中经常出现。图中之螭脖子上有三个"卍"字，像千足虫一样浑身长满毛发般的细足，这

授牌

已有300多年历史的藏品（蚕丝挑花裙）

是非常奇特的图案。古代传说的螭，为何在花瑶挑花作品中被保存了下来，是一个值得探讨的问题。

第二，花瑶挑花艺术传承了古老的服饰形制及刺绣技法，对服饰艺术发展史方面的学术研究具有一定参考价值。长沙马王堆汉墓出土的服饰中，如丝锦袍的领子、袖口，以及腰带、香囊、镜衣等地方都有用到绒圈锦，裙子也是用4幅素绢拼制而成，上窄下宽呈梯形，裙腰也用素绢为之，裙腰两端分别延长一截以便系结。花瑶的挑花服饰与这种汉代服饰异曲同工，形制神似，符合汉代服饰的基本特征。花瑶挑花在长期的发展进程中保持了相对稳定性，可以为湖湘特别是湘西地区服饰艺术的溯源提供重要参考依据。并且，马王堆汉墓中还出土了刺绣品，一号棺木内棺外套上用的铺绒绣是用直针针法满铺而成的，类似花瑶的"一"字针法。由此看来，马王堆汉墓出土的服饰与刺绣，进一步从侧面佐证了花瑶挑花服饰在汉代就已形成并保留至今，也就证明了花瑶民族的起源可以追溯到汉代以前。在挑花《太阳花与鸟》中，美丽的太阳花与各种蛇的造型组成几何形图案，图与底巧妙组合形成整体的黑白均匀效果。人们发现，图中的鸟竟然与马王堆汉墓出土帛画中的神鸟造型惊人相似，这是巧合，还是存在某种关联？

第三，花瑶挑花的题材内容包含着大量民族活动的历史信息。花瑶是瑶族中的一个分支，因封建社会的统治者长期采取大民族主义政策，瑶族同胞在历史进程中进行了不屈的反抗和不断的迁徙。他们只有语言，没有文字，对历史上发生的一些重大事件和重要历史人物，主要记述在山歌和挑花之中，发掘、保护、发展好花瑶挑花对研究瑶族历史具有特殊价值和极为重要的意义。例如《乘龙过海》描述的是瑶族先民领袖头戴三尖神冠，英姿焕发，骑在龙背上腾云驾雾，漂洋过海的场面，这与瑶族民间关于"漂洋过海"的传说相符合，《评皇券牒》《雪峰瑶族诏文》中都有记载。《湖南瑶族》

（李本高主编，2011 年民族出版社）绪论载："漂洋过海是瑶族在由北往南迁徙过程中的一次重大历史事件。本书认为：大约在晋代，由于中原大乱，加之大旱三年，中原民族大量往南迁徙。在这南迁的洪流中，即有一支瑶族先民，他们原居住在汉水流域，吃尽了战争和自然灾害的苦头，故而从汉江口过长江漂洞庭来到了洞庭湖边的龙窖山安居乐业。此事件就是瑶族民间传说的漂洋过海事件。"《先王升殿》，描绘的是瑶族先民首领身着王服，端坐殿中，勤政为民的场景；《朗丘御敌》，表现的是历史战争中瑶族先祖奋勇杀敌的场面；《元帅跨马》记录的是威严神勇的将军形象。这些挑花题材，记载了花瑶各个时期的历史事件和生存状况，传递了许多历史信息，是考证花瑶与整个瑶族历史渊源的珍贵资料和依据。

二、人文价值

花瑶挑花艺术，是巍巍雪峰山的慷慨赐予，出自花瑶妇女的慧眼、灵心和巧手。它来源于生活而高于生活，原汁原味地反映着花瑶人的现实生活，体现了他们对生活的美好追求与憧憬，具有很高的人文价值。

首先，花瑶挑花是雪峰山花瑶的独特标识。花瑶挑花服饰是历经千百年流传下来的一种极其古老而又独一无二的民族服饰，"花瑶"就是因这种挑花服饰艳丽如花被世人赞美而得名。花瑶挑花是花瑶一族的独特符号，永远铭刻在雪峰山巅。从这个意义上来说，花瑶挑花也是雪峰山文化的标识，雪峰山与花瑶不可分离，相映生辉，人们见到花瑶就会想起雪峰山，走进雪峰山就会想到花瑶，雪峰山花瑶的名声已经响遍全国。雪峰山森林海洋，是挑花作品中出现最多的题材，如《龙跃树林》《蟒蛇缠树》《山林蛇会》《野猪灵猴》《雀立枝头》以及《出山虎》《侧面虎》等，精美的图案不胜枚举，多方位、多角度地描绘了雪峰山森林与林中各类厉害角色。

其次，花瑶挑花是花瑶民俗文化的真实记录。花瑶挑花具有深厚而久远的文化内涵，涵盖其生产生活的方方面面，储存着花瑶独特的文化密码。大量以花瑶日常生活、生存环境等要素为题材的挑花作品，以图案的形式，一代一代传承下来，反映了花瑶民族的宗教信仰、节庆婚嫁、生活习俗、审美趣味及文化精神，并足以说明其传承历史之久远。如《山歌传情》记录的是花瑶青年男女以唱歌、游戏等方式联姻，对歌定情后，再请媒人做媒的习俗；《打滔成婚》记录的是花瑶婚礼中双方亲朋好友，男男女女相互坐到对方大腿上猛蹾屁股嬉闹的活动。同时，通过花瑶挑花服饰的形制与色彩就可知道是什么季节，发生了什么事情。如穿白色短衫挑花服饰代表夏季；穿盛装必有婚嫁喜事（现在节庆表演也穿）；穿粉色素色挑花衣裙无大红艳色的，必是家有长者去世，要守孝三年。

再次，花瑶挑花是花瑶生存生活环境的艺术反映。塞万提斯说过："艺术并不超越大自然，不过会使大自然更美化。"可以说，花瑶挑花就是花瑶生活及环境的艺术反映，花瑶挑花作品又进一步凸显了他们生活的环境之美。应该说，花瑶的生产生活，在一个相

《布谷报春》

当长的时期内是非常艰苦的，生存环境是极为恶劣的。花瑶人民坚毅地在恶劣的环境中谋生存谋发展，与大自然融为一体和谐共处，在恶劣的环境、艰苦的生活中追求美、发现美，充分显示了花瑶坚韧顽强、勤劳勇敢的民族性格，花瑶挑花就是这种民族性格的艺术再现。有些取材于历史故事、神话传说的挑花图案，则可以说明他们民族迁徙的历史，记录了他们生存环境的变化，如《漂洋过海》图案就是这样。花瑶妇女有一双善于发现美的眼睛，并用挑花作品记录自己发现的美。挑花的图案题材多数取材于现实生活中的物象，无论是天上飞的、地上跑的动物，还是花花草草，都是花瑶人们居

花瑶挑花作品琳琅满目

住环境中司空见惯并与之和谐相处的伙伴。如《众鸟归巢》《雄鹰展翅》《鸟语花香》《鲤鱼戏水》《野菊花》《半边莲花》《南瓜花与八瓣花》等，都是她们从日常所见的场景中选取的题材。如果哪天花瑶挑花图案没有了这些，或增加了新的题材，那就意味着花瑶人的生态环境有所改变了。

　　最后，花瑶挑花是花瑶妇女独创的服饰文化。花瑶挑花艺术的

主要载体是花瑶女子的传统服饰，用挑花对筒裙进行装饰，也是花瑶女子展示自己心灵手巧、才智聪明的主要方式。她们在挑花中把对自然的热爱和对恋人、亲人的思念等诸多情感融入进去。在花瑶婚俗活动和民族盛大节日中都有重要的民族文化艺术的展示活动，特别是服饰的展示，她们不需要 T 台，而是在山间田野中自然地展现自己的服饰。花瑶妇女用毕生的精力制作出来的多种多样的挑花服饰，表现了多种情感，适用于不同场所与环境氛围的穿戴展示，形成了花瑶妇女独特的服饰文化，这是花瑶民族文化中极为重要、最富特色的组成部分，也是中华民族服饰文化中的一部分，丰富了祖国服饰文化。花瑶女子从五六岁就开始学习挑花，出嫁前必须准备很多挑花嫁妆来压箱。就是终老了，还得穿上自己出嫁时穿的那套精美新娘装，让自己最后漂漂亮亮地离世。这样的服饰文化，在其他各民族中也是罕见的。挑花艺术与挑花服饰，统一归属于花瑶妇女一身，外在的服饰与内在的艺术组合在一起，才成为名副其实的花瑶妇女。如果没有花瑶挑花与服饰，花瑶妇女也就徒有虚名了。对于这一点，所有花瑶妇女都应该认识到，并且应共同努力，确保挑花艺术与服饰永远传承下去。

三、美学价值

歌德说过："美是艺术的最高原理，同时也是最高的目的。"花瑶挑花是一种美的艺术。虽然挑花的花瑶艺人们或许没有意识到这一点，但是她们确实是在进行艺术创作，创造了美，并且像歌德所说的那样，以美为最高目的。首先，从花瑶女性挑花服饰的造型、色彩、图案与花瑶女性的着装来看，其充分体现了花瑶女子的爱美之心和审美观念。花瑶女子挑花服饰着装，从头到脚，松紧有序，紧缠的头盘、宽松的上衣、紧绷的腰带、宽大的筒裙、紧绑的绑腿，形成了紧、松、紧、松、紧的有序节奏，巧妙地将花瑶女性的生理曲线展示出来，凸显了花瑶女性优美动人的身材。再加上挑花服饰大红大绿、大黑大白，艳丽、火辣而又素雅的色彩搭配，更使花瑶女子光彩夺目，艳压群芳，让人过目不忘。其次，花瑶挑花是花瑶对自然生命、社会风尚、人格情调所做的神情写照，脱形写神，简练传神，具有独特的艺术美学价值，为小说、戏曲、音乐、绘画、摄影等文艺创作提供了源源不断的灵感源泉。溆浦摄影协会、诗词协会、美术协会、音乐协会、舞蹈协会等团体，经常走进花瑶人家开展采风、创作活动，推出了大量作品，已有不少作品在省级、国家级媒体发表。各级文学艺术团体、科研机构、媒体、院校也经常前来调研采访，花瑶及其挑花作品成为研究课题、创作题材。与此同时，花瑶挑花传承人也越来越频繁地走上各地舞台、讲台，展示、讲解挑花艺术之美，使花瑶挑花的美学价值得到更广泛的关注。

从美学角度来分析，花瑶挑花具有以下特征。

（1）变化与统一。传统的花瑶女子没有学过美术，不是画家，但她们以大自然为师，对自然界多样性统一的原理心领神会，懂得怎样使挑花图案既富于变化，又和谐统一。图案的几何化，也是挑花艺术的一个重要特征。千姿百态的模仿对象，简化成几何图形，更便于刺绣。花瑶挑花依题材的不同而创造出很多形态各异的图案造型，有龙、凤、鸟、鱼、蛇、人物、花草树木。从图案造型的表现手法来说，在同一幅画面中同样讲究变化，题材之多、造型之多、变化手法之丰富，让人眼花缭乱。但在图案几何化的统一之下，便形成了挑花图案的完整统一美。从单个的画面来说，在青底白花的图案中，特别注意画面中的点、线、面与黑、白、灰的应用，使整个画面变得丰富、生动，且有强烈的视觉冲击力。

（2）对称与平衡。清一色地运用对称平衡法构图是花瑶挑花的固定格式。挑花裙由左右两片组成，左右两片挑花图案根据中轴

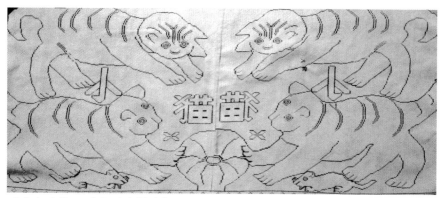

对称与平衡：《小猫滚绣球》

线对称设置，对称的构图产生了一种左右或上下图案重量上相等的感觉，有整齐和稳定的美感。这种对称是遵循现实原理的，挑花是装饰在女筒裙上的，图案的中心对称轴刚好和人站立时的中轴线是一致的，这样便可以防止因图案的不对称导致人在站立时产生视觉上的左右重心失衡，满足人们对对称所产生的与生俱来的心理需求。

（3）节奏与韵律。花瑶挑花非常注重纹样的节奏感和韵律感。在点、线、面的集合上，讲究点的艺术排列、线的灵活运用，利用线条的长短、曲直、粗细、疏密等对比因素进行有序排列，使整体画面产生强烈的节奏感。这种节奏还是变化多端的，变化的节奏又统一于整体构图，表现出动态的韵律美，使整个画面富有美感和意趣，而不显呆板滞涩。比如老虎图案中，老虎长长的尾巴劲挺而又好像在动，特别是尾巴上的毛，更是一根根竖起呈波浪状律动，弯曲的部分都用硬朗的折线，不仅表现出很强的韵律感，也表现出了一定的体积感和力量感，给人以强烈的视觉冲击力。

（4）对比与交融。在花瑶筒裙挑花中，主要图案只以白线和藏青粗布为原料，黑白对比强烈，其效果有如黑白版画。但花瑶女子为了使黑白分明的"版画"效果得到升华，别出心裁地采用"丢针现地""花包花"等挑花创作手法，黑花中有白花，白花中有黑花，

节奏与韵律：《群虎出山》

你中有我，我中有你，花中有花，黑白交融，浑然一体，真让人看不出到底是在白底上绣黑花，还是黑底上绣白花，对比分明的色彩交融交织，互为映衬，使整个挑花图案陡生丰盈变化之感，令人叹为观止。

（5）质朴与浪漫。艺术来源于生活而高于生活，花瑶人们长期以来过着与世隔绝、自给自足的质朴的生活。挑花图案大多都来自花瑶的现实生活、自然环境，记录着她们对现实生活的美好向往和追求。她们在绣制老虎时，往往在老虎的腹部绣有一只可爱的小老虎，并解释说："老虎怀崽崽了。"这种跨越式、透视式的思维方式，既大胆逾越又生动浪漫，反映了花瑶人们生生不息、代代相传的精神诉求，把现实生活记录提升到了美学高度。花瑶挑花艺术手法，脱形写神，简练传神，在造型上大胆夸张，大胆取舍，从自然界万事万物中进行拣选、提炼，加工创造出情真意浓的神似形象，出于自然而超乎自然，体现出丰富的神韵，弥漫着违理合情与谐美怪诞的浪漫主义气息。花瑶挑花将不同视觉的物象做奇妙的艺术处理与组合，如用树木花草变化的图案组合并按几何排列做主体图案，显得整齐大方；有时在一块绣片中要挑几十种花纹，自由、不规则地组合成主体图案，或花中藏花，或把几只鸟、昆虫等自由组合成花，或几只鸟共一个翅膀。这样的精巧构思，使整个图案具有丰满富丽的充实感，形成热闹气氛，使主题得到充分揭示，并获得良好的装饰效果。

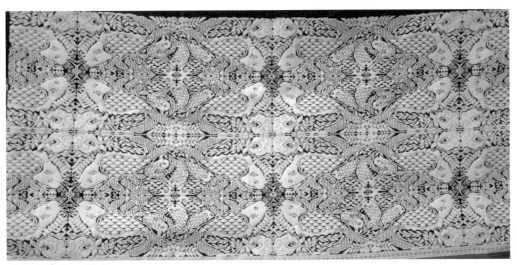

质朴与浪漫：游鱼

四、工艺价值

　　花瑶挑花是民间工艺美术中的瑰宝，如果强化花瑶挑花的审美功能，将花瑶挑花的审美意识、造物观念、构成因素抽取出来运用到现代工艺设计中去，不仅可丰富设计的语言与形式，强化现代设计的民族文化特征，还可使我国灿烂的传统民族文化在现代生活中得以延伸，对于传承民族文化有着重要的现实意义。

（一）花瑶挑花在现代服装上的应用价值

　　花瑶挑花纹样一般运用在花瑶服饰的筒裙、腰带、绑腿、小孩背带、上衣袖口处，有满地挑，也有边沿装饰。在现代服装设计中，纹样同样可运用在衣服的衣领、袖口、胸部、门襟等处，也可运用到围巾、腰带等服装配件上。可运用"满地挑"进行大片的装饰，也可运用边角装饰起到画龙点睛的作用。花瑶挑花图样纷繁复杂，树木花草、飞禽走兽、人物生活、古老传说，应有尽有。挑花风格大胆随意，构思奇巧，造型夸张，布局对称，结构严谨，色彩分明，很容易融入现代服饰的图案设计中，且可很好地与现代时尚融合。在内容上，现代服装图案包容万象，而花瑶挑花的图案囊括了植物、动物、人物等各类题材，且饱含了深刻的精神内涵和人文内涵，运

现代服装上的挑花艺术（1）

现代服装上的挑花艺术（2）

用在现代的中国民族元素服装设计上，既能丰富服装的设计语言和文化内涵；又能起到装饰服装效果。挑花图案大都遵循重复、对称、集中等形式美法则，而纺织图案一般也遵循着这些法则，不管是直接进行移用，还是提取部分图案元素进行再设计，挑花图案在现代服装设计的运用上都是比较容易实现的，适用度很强。在当下的图案流行趋势中，几何纹样一直是经久不衰的题材，花瑶挑花纹样基本呈几何形状，与一般的几何纹样不一样，不仅是视觉上能给人强烈的感受，在内容上也能让人回味无穷。

　　（二）花瑶挑花在室内软装饰中的应用价值

　　随着人们生活水平的提高，对家庭室内装饰日渐注重。针对不同的消费阶层，家装奢侈品牌慢慢地走进人们的视野，家装设计风格琳琅满目，人们也从大众化的风格逐渐开始追求个性和文化内涵。在目前的室内软装饰的设计中，强调中国文化的设计越来越多，以前被人们遗忘的民族手工艺术也开始受人追捧。带有很强文化艺术特性的场所在当代中国比比皆是，甚至很多都市人开始怀念农耕文化中人们闲适的生活方式，将农村弃之不要的石磨、农具等搬到一些高档的文化会所中。花瑶挑花是农耕文化中诞生发展的产物，采用平粗藏青布作底，运用五彩缤纷的纱线绣成，花纹古朴粗犷，感情直白，构思巧妙，匠心独运，作品富有很强烈的民族风情，极具生活气息与艺术观赏价值，很适合营造别样的室内氛围。花瑶挑花纹样丰富，花瑶女子通过自己的智慧，将本民族的文化历史、自然景象等运用极为简练的手法进行提炼，图案呈几何形，且在纹样的布局上采取了较为稳重的对称、重复等平面构成手段，装饰布局主要由中间的主体图案和边角图案构成，大多数室内软装饰的构成形式与之相符。因此挑花工艺和纹样可大面积地运用在各类室内软装饰中，如客厅的沙发套、抱枕、窗帘，餐厅的桌布、椅垫、餐垫，卧室的家纺，浴室的毛巾、地垫，等等。

（三）花瑶挑花在现代其他设计领域的应用价值

现代艺术设计在素材的选取上通常已经没有界限，单纯、古朴却不乏生活情趣的挑花艺术也深深地吸引了各个领域的设计师。他们用当代独特的设计语言，把这种传统的民间艺术大量地运用到平面设计、书籍装帧、家具设计等各类设计当中，为现代人的生活增添了一抹独特的色彩。运用民间挑花图案，强调图书内容的地方性，整体设计朴素大方，具有很强烈的民族气息。家具设计在采用挑花图案的同时，把现代的简练设计理念运用进去，重复的几何形图案，可让人想起近代的几何抽象派的绘画，设计简单而具有现代的时尚感。

经过千百年的风雨洗礼，经过无数花瑶女子的代代传承发展，花瑶挑花日臻完美，成果非常丰硕，它的人文价值、工艺价值、美学价值、历史价值、实用价值等都是难以估量的。2006年，溆浦花瑶挑花被国务院批准为首批国家级非物质文化遗产。从此，独特的花瑶挑花艺术被逐步推出山门，搬上了媒体、荧屏，并登上了国家、国际艺术殿堂。花瑶没有文字，挑花便成为记载该民族历史文化的重要载体，具有深厚的文化内涵，被中国美术馆、民族博物馆列为珍品收藏。1994 年花瑶挑花在文化部举办的"中国民间艺术一绝大展"中获得铜奖，2003 年又获"中国首届文物仿制品暨民间工艺品大展"金奖。

创新作品：《桌布》

手把手地教

第八章　花瑶挑花的保护与传承

一、做好保护传承工作的重大意义

花瑶挑花是一种精美的传统艺术，是花瑶妇女在长期的生产生活实践中创造并由她们世代传承下来的独特艺术，2006 年被批准为国家级非物质文化遗产。把这一国宝保护好、永远传承下去，是一件利国利民的大好事，也是当代雪峰山儿女不可推卸的责任。

（一）做好花瑶挑花的保护与传承工作，是花瑶发展民族文化与传承精神文明的需要

历史是人民创造的，辉煌灿烂的民族文化都是各族劳动人民在劳动生产实践中创造出来的。花瑶挑花也不例外。长期生活在艰苦

非遗大集上的挑花作品展示

的环境里，生产力水平低下，养家糊口十分不易，花瑶妇女与男子一样肩负着生活的重担，"终岁勤劳，虽老耄不甚休暇，妇女亦能耕作"。（同治版《溆浦县志》）正是在繁重艰辛的劳作中和聚族而居的生活中，花瑶妇女们接受了本民族文化及地方文化的熏陶，认识并融入奇妙的大自然，熟悉了各种各样的动植物，记住了神话与历史，催生了对美好明天的向往，练就了吃苦耐劳的性格和心灵手巧的特质，为挑花艺术积累了大量的素材、悟出了多种多样的技巧，并将民族精神内化为挑花艺术及其作品的灵魂，使花瑶挑花具有永恒的生命力。花瑶姑娘从童年时代起就在长辈的口传心授下学习挑花技艺，挑花与之相伴一生。花瑶挑花之所以能够达到民间艺术的高峰，留下一件又一件传世珍宝，靠的是花瑶妇女的灵心、慧眼和巧手，靠的是她们超出常人的想象力、细致入微的观察力和惟妙惟肖的表现能力，体现了她们对美的顽强追求和独特的审美理念。她们把自己的全部情感和对生活的美好憧憬倾注在挑花之中，一丝不苟，精益求精，谁都不会粗制滥造，件件都是精品，而且花样百出，

游客们参观花瑶挑花制作

令人叹为观止。精美的花瑶挑花，是花瑶女子一针一线挑出来的，凝聚着她们的心血和汗水，每挑出一幅图案都要投入大量时间和精力，是非常不容易的。

　　持之以恒、不知疲倦的挑花操作，是花瑶吃苦耐劳、追求美好的民族精神的具体体现，也是花瑶妇女践行其民族精神的生动体现。为了这门手艺，花瑶妇女从小起就跟着母亲学，吃得苦、受得累、静得下心。省级传承人奉兰香曾回忆自己初学时的情形，记忆犹新，光是数纱就好几天才学会："当时我才五岁，妈用一块黑布教我数那个纱，教了一整天，我也没弄明白。因为那个黑色的布，第一次怎么都看不清楚经纬，又加上那时候年纪小搞不懂。我数了两天也没数对，心里很泄气了。到第三天，还是我奶奶实在看不下去了，说给我换一个白色的布，挑一下看看。那天我奶奶再教我去数那个纱，白布上的经纬容易看清楚些，那一天才基本弄懂了怎么数纱，后来又练习几天，才熟练。"因为母亲和奶奶的悉心指导，自己刻苦努力，奉兰香进步很快，10岁时完成的第一件作品《双虎乘凉》，得到挑花爱好者的高度评价。花瑶妇女差不多都有像奉兰香这样的

2017年，花瑶挑花传承人参加韩国"欢乐春节"活动

经历。可以毫不夸张地说，花瑶女子从童年时代开始，就接受了吃苦耐劳教育，她们的创作实践及其挑花作品，承载着厚重的花瑶民族精神。

（二）做好花瑶挑花保护传承工作，是花瑶人民开创美好未来的需要

因挑花服饰而得名的花瑶，过去、现在和未来都离不开挑花艺术的传承与发展。如果没有花瑶挑花，就没有花瑶族；花瑶挑花如果不能很好地保护传承下去，花瑶群众的美好未来就缺失了极为重要的色彩。花瑶妇女用挑花作品装扮自己，让沉静单调的山中生活增添了乐趣和情调，实用价值之高自不待言。她们穿着自己一针一线制作出来的服饰，美化了生活，体现了自己的人生价值。罗曼·罗兰说："艺术是一种享受，一切享受中最迷人的享受。"花瑶妇女对此应该深有体会。在经济社会加速发展的今天，进一步挖掘、保护、发展好花瑶挑花，是保持花瑶民族特色、弘扬花瑶传统文化、提高花瑶生活质量的关键所在，具有重要现实意义。绝不能因为受到时尚、时髦的冲击，受到思想文化多元化的影响，就淡化、淡忘了花

2018 年 5 月，省级传承人奉兰香参加马德里中国文化中心举办的"湖南非遗大师工作坊"活动

瑶挑花这样的优秀传统文化，而应该迎难而上，推动花瑶挑花在更加波澜壮阔的全球化大潮中求发展、展风采，开创花瑶挑花发展的新境界、新局面。在与全国各族人民一道同圆中国梦的伟大实践中，美丽的花瑶挑花不仅不能失色或消失，而且要更加靓丽多姿，永葆活力与魅力，牢牢地扎根在雪峰山巅。

（三）做好花瑶挑花的保护传承工作，是传承弘扬中华优秀传统文化的需要

中华民族丰富灿烂的优秀传统文化，是民族大家庭各个成员共同创造的，其背后的传承与发展，当然也离不开全体同胞的共同努力。花瑶挑花是一项传承了上千年的民族艺术，是中华民族文化宝库中的一份珍贵资源，具有长久的艺术价值。花瑶妇女创造的花瑶挑花艺术，具有自己独特的艺术特色，在民族文化的百花园里别具一格，具有自身不可替代的艺术价值。花瑶妇女不仅善于观察、发现美，而且善于把自己发现的美从头脑中移植到作品上。长期以来，花瑶挑花艺术随着生产生活的进步而与时俱进，我们从前面关于花瑶历史的介绍中就可以知道。新中国成立以来，特别是改革开放四十多年来，花瑶生活与全国人民一样发生了翻天覆地的变化，过上了幸福日子，花瑶挑花进入了一个新的发展阶段，花瑶妇女们敞开思路、放开手脚，花瑶服饰、挑花图案内容等都发生了多方面发展变化，新社会、新时代的美好旋律在花瑶挑花中得到体现，历史上很少采用的图案也被重新加以利用与开发，作品内容及载体更加丰富多彩。花瑶妇女在实践中探索创新，使花瑶挑花技艺永葆艺术生命力。花瑶挑花艺术的保护、传承与发展，是花瑶人民对传承、弘扬中华优秀传统文化做出的重大贡献，花瑶挑花艺术的传承与弘扬也必将与中华优秀传统文化的传承与弘扬共始终。

（四）做好花瑶挑花保护传承工作，是推动文旅深度融合发展的需要

花瑶挑花艺术的保护传承对于当地经济社会高质量、可持续发展具有重要意义。贯彻新发展理念，推动经济社会绿色发展、协调发展，为花瑶挑花艺术的保护传承开辟了道路，指明了方向。而随着新发展理念的贯彻落实，文旅融合发展的不断深化，花瑶挑花的发展空间越来越广阔，服务经济社会发展的巨大潜力不断显现，受到广泛重视，其美学价值、艺术价值和实用价值也得到拓展，向相关领域延伸，向新的高度提升。花瑶挑花不再单纯应用于花瑶女子

扮靓了文旅小镇

的日常生活服饰，已被推广应用于越来越多的文创、旅游产品上，适用的载体越来越广泛，并走进了大市场，跻身于旅游商品和文化艺术收藏品行列。这与旅游、收藏等行业的蓬勃发展是分不开的，这些行业为挑花艺术提供了新的发展空间，挑花艺术又为这些富有发展活力的行业增添了新内容。这是文旅融合发展的成果，也为我们探索新时代花瑶挑花艺术的保护传承打开了新思路，提供了新途径。花瑶挑花不但具有极高的审美价值，而且因其浓郁的民俗风情，成了雪峰山旅游的一大亮点。从旅游着手进行挑花产品开发对发展当地经济、实现花瑶及当地群众增收致富，具有积极的意义，能更

深层次地激发当地人们对花瑶挑花的保护意识，吸引更多的花瑶女子去学习这门技艺，从而也使花瑶挑花技艺传承工作走出了新路子。随着挑花产品被游客带向全国各地，更多的人了解和喜爱花瑶挑花，扩大了挑花的文化传承空间。

二、进入新时代以来的保护传承工作

任何古老的艺术，其生命力都是不可低估的。但是，其发展进步也需要一定的经济、社会和环境条件。只有在国泰民安、百业兴旺的时代，优秀传统文化才会愈加繁荣，大放异彩。改革开放以来特别是进入新时代以来，随着国家对非物质文化遗产保护工作的高度重视，与许许多多的民族文化艺术一样，花瑶挑花潜在的历史、艺术和时代价值得到重新认识，保护传承工作也进入了一个新的发展阶段。

（一）初步形成了共抓保护传承的良好工作格局

党和国家采取了一系列扶持民族文化艺术发展的优惠政策，乡村振兴也为民族文化和经济发展注入了强劲动力。《中华人民共和国非物质文化遗产法》《湖南省实施〈中华人民共和国非物质文化遗产法〉办法》等法律法规、政策措施的出台和实施，为非遗保护传承工作提供了强有力的法律保障。遗产法明确规定："国家鼓励和支持开展非物质文化遗产代表性项目的传承、传播。"并明确了中央和地方政府的职责。省、市、县各级政府和有关部门把非遗项目纳入文旅融合发展规划，通过积极引导扶持，使原本濒临消亡的非遗项目重新焕发活力。溆浦花瑶挑花项目得到国家和各级主管部门在技术指导、业务交流、资金投入等多方面的大力支持，溆浦县委、县政府对花瑶挑花项目采取了一系列行之有效的挖掘、保护和发展措施。非遗保护职能部门进行了全面的调查、收集、整理，初步建立了花瑶挑花资料库，保护传承政策措施得到贯彻落实。花瑶群众发扬主人翁精神，承担起保护传承工作重任，社会各方面的力量也积极参与到保护传承工作中来，花瑶挑花保护传承工作步入了法治化、常态化发展的轨道。

（二）在雪峰山文旅融合发展全局中找到了位置

文旅融合，文化铸魂，推动了雪峰山旅游经济的加速发展，文旅融合发展又使文化遗产资源焕发了生机与活力。各级各部门大力推动花瑶挑花艺术走文旅融合之路，组建花瑶艺术表演队伍，走进旅游景区景点，走上省内外大舞台，把挑花艺术与作品推向全国各地，在开辟花瑶挑花艺术传承新路子的同时，也为花瑶群众开辟了新的更宽广的致富创业门路。花瑶聚居的山背村、满天星等地已创建为景区，穿岩山等景区也有计划地开发花瑶文化资源，为花瑶群众提供工作岗位，白天当导游，晚上当演员，在本地就业挣钱。花瑶群众参与挖掘开发雪峰山花瑶文化、地方文化的热情不断高涨，她们走出大山去外地学习参观，开阔眼界增长见识，在保护传承的基础上推陈出新，创作文艺作品，参与民俗文化表演，为雪峰山旅游火起来立下了汗马功劳。新时代为花瑶同胞提供了广阔的舞台，让她们大显身手。

（三）花瑶挑花产品经受住了市场化发展的考验

花瑶挑花在市场化的冲击之下陷入了濒危境地，又在勇敢迎接市场化挑战的实践中逐步找到出路走出困境，真可谓"山重水复疑无路，柳暗花明又一村"。花瑶挑花在旅游产品开发方式和途径方面有了创新，改变了花瑶妇女分散制作、自由放任的状态，开始走向订单化、集约化生产，花瑶妇女的挑花技艺也由为自己制作日常服饰的手艺变成了创收创业的手艺，从为自己制作变为为市场制作，具有了市场价值。虽然规模还很小，但是能够适应市场化需要，使挑花产品变成商品，产生实实在在的经济和社会效益，并且使花瑶妇女能够在家就业创收。一是以传承人主持小作坊的形式，对花瑶挑花进行传承和保护。小作坊设在村寨中，将能挑花的瑶族女子集中，沿袭以往村寨里三个一群、两个一伙聚在一起挑花的形式，既保存了瑶族女子挑花的生活场景，给游客带来本地的民族风情，促进旅游收益之外，同时保存了挑花的原生态的生存土壤。挑花作坊可进行统一运作，将现有的能挑花的瑶族女子集中进行学习、培训，既能保证挑花艺术后继有人，也能促进新的挑花技艺的产生，提升挑花的质量。在产品种类和挑花内容上，也可进行整体策划，使挑花艺术既保持先前的民间趣味形态，又不与当下的时尚流行脱节，并在当下环境中焕发出勃勃生机。二是以"公司＋基地＋农户"的模式进行传承和保护。在山背村率先建立了花瑶挑花生产基地，将花瑶挑花传习所与非遗工坊建设结合起来，边教边学边实践，把花瑶妇女集中起来进行挑花产品的生产，产品统一收购销售。溆浦塔塔拉花瑶文化创意有限公司看到了其中的巨大市场潜力，致力挖掘开发花瑶挑花艺术，公司以文创设计样式向花瑶村民订制，统一收购销售，产

文化和自然遗产日现场表演

花瑶挑花技艺大赛

品在四川峨眉山、湖南桃源等旅游景区大受游客青睐，是一个成功的范例。三是对接旅游景区景点开通了销售渠道。在山背梯田、阳雀坡、穿岩山、枫香瑶寨等景区，花瑶挑花作品摆上本地名优特产商店的货架，受到游客喜爱。在各景区利用春节、腊八节、端午节

等节点举办的节庆活动中,在穿岩山等景区开办的"非遗一条街""非遗集市"等场所,花瑶挑花都是引人瞩目的角色。

（四）花瑶挑花艺术在生产生活实践中取得了丰富的创新性成果

当今的花瑶挑花,按构图表现手法分,可分为传统挑花和现代挑花。从时间上来说,在 20 世纪 90 年代之前的花瑶挑花都是传统挑花,其图案造型古拙,属抽象、写意范畴,完全靠纱线填充挑制呈现出来。进入 20 世纪 90 年代后,由于花瑶女子中上过学读过书的人越来越多,她们接受了美术教育,将现代美术表现手法应用到挑花中,产生了挑花的新品种——现代挑花。它的图案造型讲究与现实物象酷似,也就是讲究具象写实。其挑制手法有两种:一是留出布底作图案轮廓线,其余统统用白纱线填满变成加厚的白布,衬托出黑色或藏青色底布轮廓线的"白描"式图案,这种图案单调而缺乏高古韵味,已很少有人挑制;二是采用各色纱线,借鉴湘绣、苏绣等写实手法表现物象。

现代挑花是对传统挑花艺术的继承与发展,凝聚着现代花瑶妇女的智慧和心血,主要表现在以下几方面。

挑花服饰形制方面,花瑶女子在保持传统挑花的基础上,对存在缺陷或不适合现代生活的挑花服饰进行了改良、改进。1993 年改良了花瑶女子头盘。花瑶女子的头盘原先有两种:一种是用一块长 10 米左右的黑白方格布一层一层缠绕在上面;一种是用长约 100 米的编织彩带盘在头上,没有任何辅助支撑物,缠头盘既要技术,又要耗时一个钟头左右,而且很容易散落。改良的头盘,用竹篾编织成倒置的斗笠状骨架,内层包布底,再一圈一圈叠缀五彩编织带,顶上外沿吊上彩珠彩片,外观特征上与原头盘无异,却更加美观大方,使用起来十分方便。1994 年改良了女子挑花绑腿。传统绑腿以长约 200 厘米、宽 15 厘米的白布为底,下边沿挑花,绑时由下而上,形成节节彩纹，缠绑既费时又容易脱落。改良后的挑花绑腿为梯形套筒和粘贴式两种，上边 42 厘米左右，下边 39 厘米左右，根据腿大小定，比穿袜子还方便。1998 年改良了女子挑花腰带。传统腰带长 3~10 米、宽 6~10 厘米的彩色灯芯绒，用其他薄点的布就多些节数，维系费时费力。改良后的腰带长 60~100 厘米、宽 6~10 厘米，带挂扣，维系特别省事。

在挑花材料的使用方面，也随着时代生产不同而有所改变。以前以棉麻家织布为主，色彩用植物和矿物质染料染成藏青色。现在很难买到家织布了，改用机织化纤尼龙布，不但经纬清晰易辨，而且不易掉色，使花瑶挑花在提高速度的同时更加美观耐看。另外就是女性白色上衣采用现代镂花白布制作，既透气凉爽又漂亮。包头边沿增加的现代吊饰，也给花瑶女子增添了几分时代气息和妩媚。

在挑花图案的内容上，年轻一代的花瑶女子能够深入体验现实生活，紧跟时代步伐，大胆进行探索创新。如赞美新时代美好生活的新作《年年有余》，声援武汉人民勇敢抗击新冠疫情的新作《浴火重生》，等等，不仅体现了作者与时俱进、勇于创新的进取精神，而且思想性和艺术性都达到了新的高度。

争奇斗艳的作品展

在挑花载体（使用范围）方面，从传统的服饰、配挂饰物向多领域拓展，已开发室内装饰、玩具、收藏等方面的产品，如溆浦塔塔拉花瑶文化创意有限公司推出的花瑶挑花旅行茶具套装、小斜跨包、双肩背包、手机壳等产品，进入市场后颇受消费者喜爱。

三、努力开创保护传承工作新境界

作为一项传承了上千年的民间文化瑰宝，花瑶挑花承载着厚重的历史文化内涵，在长期的生产生活中发展、传承，达到了极高的艺术水平，创造了民间艺术的奇迹。花瑶挑花艺术具有历史文化和艺术价值，其自身也具有传承与发展的内在生命力，能够服务于中华民族文化的繁荣发展。毋庸讳言，我们在为花瑶挑花蓬勃发展欢欣鼓舞的同时，也要看到在新的历史条件下，花瑶挑花艺术传承发展面临着新的难题和危机。首先，花瑶挑花技艺全靠口传心授，要学会一些烦琐、精湛的技艺需要很长的时间，有些还需要自己在实践中细心琢磨、领悟，并不是口耳相传所能完全解决的。即使今后有文字教材了，老一辈的口传心授、耳提面命，仍是不可缺少的。而随着瑶族年轻人走出雪峰山，闯进大世界创业，有了广阔无垠的发展天地，年轻一代瑶族姑娘很少有时间和精力去潜心学习钻研，而且不会挑花的花瑶姑娘越来越多，尤其是散居各地的花瑶女孩，基本上不学挑花了，如果不采取有效的保护鼓励措施，挑花技艺将后继乏人。其次，花瑶群众的思想观念、生活方式也与时俱进发生了巨大改变。年轻一代花瑶人向往都市社会的流行时尚，易于接受现代生活、现代服饰，除在本民族的传统节日外，不少花瑶姑娘已不再穿花瑶服饰，对学习挑花更是缺乏热情。传习所及相关培训班开办以来，参与学习挑花的花瑶妇女仍然不够踊跃，有的人即使参与了，还有畏难情绪，怕辛苦怕麻烦，有的浅尝辄止，只学一些容易学的，得其皮毛，不求甚解，不能深入钻研。最后，花瑶挑花创作的人文生态环境发生了很大改变。其主要生活素材老虎、山鹰等飞禽走兽已绝迹或不多见，洋房、时装、流行歌曲等替代了木板楼、挑花服饰和山歌等等，花瑶挑花传统元素正在流失，影响了创作的源泉和灵感。还需要指出的是，在开发利用花瑶挑花资源的过程中，有关部门、地方领导以及相关从业人员对花瑶挑花保护传承工作的长远规划重视不够，存在急于求成的现象，重形式轻内容，重实际操作轻学理探讨，重市场效益轻长远谋划，是值得注意并需切实加以解决的问题。

与其他非遗项目面临的处境相似，花瑶挑花的保护与传承面临着挑战，但也面临着难得的机遇，有政策法律的保障，有各级政府的大力支持，全社会已经初步形成了重视非遗工作的良好氛围，通过几十年来的努力，非遗保护传承工作已经取得了许多重要成果，积累了宝贵经验，当然工作中也还存在诸多不足之处，存在一些短板。可以说，花瑶挑花保护传承工作已经步入正轨，迎来了发展新阶段，下一步应该加速推进。花瑶挑花的保护传承，是一项功在当代、利在千秋的事业，必须提高站位，着眼长远，科学谋划，绝不能急功近利，只顾眼前。

（一）依法开展保护传承工作

要大力宣传、坚决贯彻执行《中华人民共和国非物质文化遗产法》等法律法规，营造依法开展非遗保护传承工作的良好社会氛围，使保护传承非遗成为全社会的共识。在实际工作中，花瑶挑花保护传承工作必须坚定不移地沿着法制化轨道前进，坚持依法开展保护传承工作，做到稳定有序、可持续发展，这是做好花瑶挑花保护传承工作的根本要求。各级政府及非遗主管部门要严格履行法律规定的职责，"县级以上人民政府应当将非物质文化遗产保护、保存工作纳入本级国民经济和社会发展规划，并将保护、保存经费列入本级财政预算。""县级以上人民政府其他有关部门在各自职责范围内，负责有关非物质文化遗产的保护、保存工作。""县级以上人民政府应当加强对非物质文化遗产保护工作的宣传，提高全社会保护非物质文化遗产的意识。"使全社会都知道并遵守这些法律法规，认识到非遗保护传承的重大意义，共同重视、支持非遗工作，参与到非遗保护传承中来。只有沿着法制化轨道推进，坚持依法办事，才能做到可持续发展，避免急功近利的短视行为，避免工作中的随意性。对于违反法律规定破坏花瑶挑花保护传承工作的行为，要坚决依法处理。构成犯罪的，要提请司法部门追究法律责任。

（二）健全完善地方性花瑶挑花保护传承工作的政策措施

《中华人民共和国非物质文化遗产法》第四条规定："保护非物质文化遗产，应当注重其真实性、整体性和传承性，有利于增强中华民族的文化认同，有利于维护国家统一和民族团结，有利于促进社会和谐和可持续发展。"这是我们做好非遗工作的总原则、总要求，当然也是花瑶挑花保护传承工作的总原则、总要求。要按照法律的规定，完善配套法规政策，制定相关地方性规章，对有关花瑶挑花保护、传承和开发利用权限、范围等做出明确规定，明确地方政府及相关职能部门的职责，强化法制保障，防止在开发利用过程中滥用花瑶挑花名义，影响花瑶挑花的真实性、整体性和传承性。要坚持始终把保护放在第一位，在保护传承的基础上开发利用，坚定地保护花瑶挑花的历史文化内涵，使之永续传承，彰显花瑶民族独特魅力，克服挑花艺术开发利用上的盲目性、随意性，更不能出现损坏花瑶同胞感情和利益的行为。

（三）创新和完善保护传承的常态化工作机制

在党和国家政策扶持指引下，在社会各界的重视、支持下，基层组织、非遗工作者、花瑶挑花传承人和艺人共同努力，花瑶挑花的保护传承工作已经打开了局面，形成了基层保护传承工作网络，奠定了工作基础，取得了一定成效。但是，必须清醒地认识到，花瑶挑花保护传承工作是一项长期而艰巨的任务，只有进行时，没有完成时，必须紧随时代前进的步伐，坚持与时俱进，持之以恒地做好常态化保护传承工作。要认真总结过去一段时间的工作经验，发扬优点克服缺点，勇于开拓创新，对已经基本成形的工作格局、工作机制进行完善提升，使之更加切合实际，能够行稳致远。

（1）建立花瑶挑花资源档案库。花瑶挑花被公布为国家级非遗项目十多年来，文字、摄影、视频、音频和实物等资料已经初步具备，但是有些方面还比较欠缺，有待进一步努力收集。有必要对花瑶挑花艺术的所有内容、载体及发展史再进行全面深入的调查，进行系统的整理归类，建立信息档案。要尽可能地把花瑶挑花的服饰、图案、材料等收集得更为齐全，文字介绍、图片、视频资料和实物一一配对，统一归库管理。在条件成熟的时候，再建设花瑶挑花及花瑶文化博物馆。

（2）全面挖掘收集花瑶文化资料。对健在的花瑶老人进行采访，收集保存他们记忆里的"宝藏"，请他们帮忙回忆，提供相关历史事件、神话与传说，提供他们所掌握的花瑶特色生活生产技艺、工具、方法以及挑花技艺等，把他们所知道的记录下来，所能提供的录音录像都保存起来，丰富充实花瑶族史料。动员能写的花瑶同胞自己动手写，把所知的本民族史料记录下来。奉锡联先生出身花瑶族，曾担任过县民族事务办公室主任，生前经常深入各地花瑶聚居的村寨，为收集花瑶史料做了大量工作，功不可没。有文化的花瑶年轻一代应该向他学习，为保护花瑶民族史料和传承花瑶挑花多做贡献。

（3）成立花瑶文化研究机构。把本土有关方面专家学者、花瑶文化及地方文史爱好者组织起来，成立花瑶文化研究机构或学术团体，也可成立花瑶文化保护传承协会等团体，开展花瑶文史和挑花艺术的学术研究，并统一进行对外宣传推介，探讨新形势下花瑶挑花保护传承的途径、办法和模式。这一国家级非遗项目，刚从雪峰山走出来，无论是艺术理论还是实践操作，都还存在大片空白，有必要进行深入研究。本书的编写，将为开展学术研究提供一些基本素材，如果能引起有关方面专家学者的注意，为花瑶挑花研究提供指导和帮助，可谓荣幸。

（4）坚持在文旅融合发展全局中推进花瑶挑花保护传承工作。走文旅融合发展之路，是大势所趋，关起门来搞不好传承工作，这已成为社会共识。在这个共识的基础之上，还要因势利导，以科学规划为引导，使花瑶挑花的保护传承工作在全局中有为有位。也只有在文旅融合发展一盘棋中找准位置、抢占先机、打出特色，才能开创花瑶挑花工作的新境界，走出永葆活力、永续发展的好路子。

在文旅融合发展大潮中推动花瑶挑花的保护传承工作，既是难得的机遇，又是严峻的挑战。当前，传承保护工作面临着许多新问题，既要推进挑花艺术的创新和开发利用工作，又要保护挑花艺术的真实性、整体性；既要传承其独特的文化艺术价值，又要适应市场化需求。这些问题，亟须我们深入调查研究，寻找新办法新途径，走出新路子。溆浦县在推进文旅融合进程中，对花瑶挑花的传承保护工作进行了富有成效的探索，将花瑶挑花传承保护纳入全县文化旅游产业发展总体规划之中，着力打造县域南部花瑶民俗文化旅游片区。该片区以山背花瑶梯田为核心景区，涵盖所有花瑶群众集中居住的村寨，重点扶持花瑶挑花艺术的保护传承工作，开发挑花艺术品、兴办非遗工坊，组建花瑶艺术表演班子，引导花瑶艺人和花瑶群众进景区，推出花瑶民俗文化之旅、雪峰山抗战文化之旅两条精品旅游线路，在大雪峰山旅游圈中唱响了花瑶文化。溆浦县委、县政府还出台了一系列配套措施，对于加强包括花瑶挑花在内的花瑶文化的保护、传承、开发和利用，提供了强有力的政策支持。

（5）走市场化发展之路。根据过去一段时间花瑶保护传承工作的实践经验，特别是文旅融合发展的创新性举措和经验，花瑶挑花还须进一步融入市场，瞄准市场需求进行产品开发，实现实用性

非遗项目大会展

和观赏性相统一、经济效益与社会效益双丰收。走市场化之路，实现可持续的保护传承，这应当成为花瑶挑花保护传承的常态，也是唯一可行的途径。为此，必须认真贯彻新发展理念，注意以下几点。

首先，在保护挑花艺术真实性、整体性的基础上，赋予其新的时代特色，在创新中求发展。要引入现代元素，采用现代创新设计理念，把挑花艺术内在的审美理念、构图布局艺术和挑花技巧技法等精髓，加以研究、提升、创新，从而使花瑶挑花艺术在材料选择、构图设计、实际操作等方面与时俱进，为传统技艺及其成品赋予时代风貌和内涵。还可以考虑通过创新改良，采用现代先进技术和设备，改进手工工艺技巧，提高挑花工艺的劳动效率。

其次，提升产品品位，拓展实用空间和范围。挑花产品还只是刚刚走进市场，初见世面，开发的新产品还不多。要进一步进行市场调研，把握市场需求，对接室内装饰、玩具、收藏等方面新需求，可与纪念品、礼品设计相结合，开发新的产品种类，如壁挂、床单、

技艺大赛颁奖仪式

宣传活动

床罩、披肩、围巾、提包、钱包、荷包、桌布等。积极探寻与服装服饰分离、创作在其他新型载体上的新样式，实现挑花作品的多样化。在图案设计方面，可以进一步突出雪峰山区的特色，挖掘、优化传统图案资源，进一步丰富、创新，使图案设计更加丰富多彩，适应社会大众多样化需求。

第三，突出艺术特色，打造精品品牌。作为国家级非遗项目，花瑶挑花要走好精品战略之路，发扬花瑶妇女精工细挑、一丝不苟的工艺精神，不断提高工艺制作水平，制造挑花精品。借助科研机构、旅游文创企业对花瑶挑花产品进行策划设计，充分挖掘花瑶挑花的艺术价值，着力打造优质品牌。可以采用新型材料，增添图案样式，进行包装设计，形成有特色的新型手工艺品，既能更新挑花作品又能带动经济的发展，还可以收到良好的宣传效果。

花瑶挑花艺术的复兴，必将在中华儿女同圆中国梦的伟大实践

拦门酒

中绽放异彩。虽然，在中华传统文化万花争艳的画卷里，它只是一个细微的光点，但是，这个光点足以让花瑶族和雪峰山绽放出空前的璀璨，书写一段承前启后的灿烂篇章。在新的征程上，通过全体花瑶人民和社会各界的不懈努力，花瑶挑花一定会更加靓丽，绽放在祖国民族文化艺术的大花园里。

参考文献

[1] 李默 . 瑶族历史探究 [M].北京：社会科学文献出版社，2015.

[2] 王明生，王施力 . 瑶族历史览要 [M].北京：民族出版社，2005.

[3] 田伏隆 . 湖南瑶族百年 [M].长沙：岳麓书社，2016.

[4] 黄勇军 . 瑶山上的中国：花瑶民族的生存境遇考察 [M].北京：中国社会科学出版社，2014.

[5] 老后 . 神秘的花瑶 [M].长沙：湖南美术出版社，2007.

[6] 汪碧波 . 花瑶女性服饰艺术研究 [M].南京：江苏美术出版社，2012.

[7] 左汉中 . 湖南民间美术全集：民间刺绣挑花 [M].长沙：湖南美术出版社，1994.

[8] 阳黎，刘青云 . 花瑶挑花研究 [M].北京：光明日报出版社，2016.

[9] 谌许业 . 花瑶挑花 [M].长沙：湖南人民出版社，2016.

[10]（清）席绍葆，（清）谢鸣谦 . 乾隆辰州府志 [M].长沙：岳麓书社，2010.

[11]《溆浦县志》（清同治版、民国版）.

[12]（明）沈瓒 . 五溪蛮图志 [M].长沙：岳麓书社，2012.

[13]（清）张官五，（清）吴嗣仲 .（同治）沅州府志 [M].长沙：岳麓书社，2010.

后 记

　　从 2010 年开始，溆浦县在花瑶居住比较集中的村寨相继开办了山背村、黄田村、宝山村、烂泥湾村和高坪村五所花瑶挑花传习所。传习所办起来以后，编写通俗类教程的任务就被提上了议事日程。由于种种原因，迟迟未能动手。直至 2021 年底，在省、市、县各级主管部门的领导和关心下，溆浦县文化馆才正式开始着手安排此项工作，委托张克鹤、王身友二同志执笔成稿。

　　自从花瑶族群为世人所知，多年来其关注度有增无减，对花瑶挑花有关资料和实物样品的收集整理工作，也一直在持续进行。有关部门为保护和传承花瑶文化做了大量工作。民间力量也自发参与进来，采访者、研究者，他们各显神通，走村串户，与花瑶人民交朋友，广泛学习、调研，利用文字、录音、影像等形式记录花瑶生产生活，推出了不少精品佳品。特别需要指出的是，奉锡联先生是调研、宣传花瑶文化的先行者。他利用自己作为花瑶族人的有利条件，从 20 世纪 80 年代开始，就投入大量时间和精力，收集整理有关花瑶历史和挑花艺术的资料，先后在全国多家报纸杂志上发表过文章。他担任溆浦县民族事务办公室主任以后，进一步全面地调查记录和收集整理，留下了不少宝贵资料，引起了有关方面专家学者的重视，使花瑶挑花广为人知，这为宣传花瑶文化以及后来的申遗工作打下了坚实基础。本书中采用的一些资料，就是他们的劳动成果，在此向他们表示敬意和感谢。

历史上，溆浦十大瑶峒曾是花瑶民众最集中的居住点，后随行政区划调整，包括茅坳等地在内的白水峒，于1953年划归隆回县管辖。此后，两丫坪镇岩儿塘村、沿溪乡三渡水大队老屋场瑶族生产队又分别于1956年、1958年划归隆回县小沙江区和隆回县茅坳公社管辖。雪峰山花瑶是一家，亲密无间，族内通婚，相互走访，常来常往，每年花瑶重大节庆活动在小沙江等地举行，溆浦花瑶民众男女老少都要举家前往。挑花艺人的师承关系也随婚姻而交织、延伸，从未中止，也从未受行政区划限制或区划变更影响。本书所引用的资料，以介绍溆浦方面的情况为主，也兼及整个雪峰山花瑶生活区，并参考了隆回等地的有关著作、图片、文献，谨在此表示感谢。

本书力求将溆浦花瑶历史文化、挑花艺术比较全面地呈献给读者，向世人打开一扇认识雪峰山神秘花瑶的窗口。本书也仅仅是根据我们所掌握的材料，进行简单的介绍，并且由于水平有限，难免有些认识、见解尚不成熟、不准确，但不无可取之处，希望专家和广大读者批评指正，提出宝贵意见，以帮助我们更好地宣传介绍花瑶文化，提高花瑶挑花的保护传承工作水平。